智慧熊
SMART BEAR

阅读强 | 少年强 | 中国强

专家审定委员会

贾天仓　河南省语文教研员

许文婕　甘肃省语文教研员

张伟忠　山东省语文教研员

李子燕　山西省语文教研员

蒋红森　湖北省语文教研员

段承校　江苏省语文教研员

张豪林　河北省语文教研员

刘颖异　黑龙江省语文教研员

何立新　四川省语文教研员

安　奇　宁夏回族自治区语文教研员

卓巧文　福建省语文教研员

冯善亮　广东省语文教研员

宋胜杰　吉林省语文教研员

董明实　新疆维吾尔自治区语文教研员

易海华　湖南省语文教研员

潘建敏　广西壮族自治区语文教研员

王彤彦　北京市语文教研员

张　妍　天津市语文教研员

贾　玲　陕西省西安市语文教研员

励志版名著的6个关键词

"领悟性阅读"是人生成长过程中不可或缺的要素。如何用精品名著唤醒天性、唤醒心灵、点燃智慧之灯，同时兼顾学生学习的现实需要呢?

第一个关键词：价值阅读——"成就有价值的人生"

有价值的人生从价值阅读开始。在阅读的重要性与紧迫性已成为共识的情况下，最根本的问题就是读什么和怎么读。为此，励志版名著致力于通过对经典名著的价值解读，培养学生一生受用的品质。

第二个关键词：励志——"本书名言记忆"

一句名言可以影响人的一生。在供学生阅读的众多名著版本中，励志版名著是以励志为核心理念的。一本好书，必能启迪人心，滋养人的精神。因此，我们专注于传递名著中宝贵的人生经验和成长智慧。

第三个关键词：兴趣——"无障碍阅读"

针对阅读经验较少的学生，励志版名著依据《现代汉语词典》《辞海》《汉语大词典》等权威辞书对疑难字词进行注释，并参考相关资料对人物、好句等进行注解，从而帮助学生实现名著的无障碍阅读，激发学生的阅读兴趣。

第四个关键词：导学——"名师导学3-2-1"

名师门下出高徒。励志版名著邀请全国一线名师、教研员倾力把关"名师导学3-2-1"，强调在导学的基础上自主学习，把阅读延伸到书外。

第五个关键词：彩图——"图说名著"

全品系七百多幅精美插图，配以言简意赅的文字，达到"图说名著"的生动效果，这对提升学生的阅读兴趣，使其更好地理解每一本名著的意蕴，无疑会有很好的帮助。

第六个关键词：课标——"全课标素质解读"

强调课标与素质阅读的结合，是本丛书明显的特征。各版本语文教材中所选用的名著篇目，都在其中占有一席之地，倡导了"每一本名著都是最好的教科书"的理念。

简言之，我们殚精竭虑，注重每一个细节。因为，一个人物，拥有一段经历；一段故事，反映一个道理；一本好书，可以励志一生。

让名著发挥它人生成长导师的基本功能吧!

励志版名著编委会

励志版名著结构体例图

开宗明义　整体解读

全书导读是针对全书的综合性内容简述。内容涵盖作者、故事情节、主题等方面。通过全书导读，读者不用读全文，也能知道这本书整体叙述了什么。

图文并茂　相得益彰

精美的彩色插图，完美呈现经典情节，让读者在阅读文字的同时，有身临其境的感受，增加其阅读的乐趣。

名言启迪　励志人生

丛书特别关注名著中所传递的宝贵人生经验和成长智慧，分类整理了每本书中适合青少年收集的名言。

兼顾教材与素质培养

在供学生阅读的众多名著版本中，励志版名著是以励志为核心理念的，突显出关注素质成长的编辑宗旨。

无障碍阅读　分析与引导

注音释义，扫除字词障碍；批注点评，扫除理解障碍；成长启示，扫除感悟障碍。

查漏补缺　总结知识点

针对应试的需要，同时为了便于检测阅读效果，编者联合一线教师对每本书的重要知识点进行整理，以考题的形式帮助学生查漏补缺。

名著阅读专项规划方案

　　阅读不仅仅能让学生学会考试，还在某种程度上决定了学生应对未来生活和学习的基础能力。只有掌握了阅读的本领，学生才能更好地学习其他知识，才能更自信地融入社会，拓展更广阔的成长空间。

　　要使阅读学而有用，在短时间内提升阅读能力和文学素养，系统科学地阅读尤为重要。为此，我们为学生制订了一份科学合理的名著阅读计划。

阅读阶段	阅读要点	中小学生课外阅读推荐	推荐理由与检测	阅读量与阅读方法
第一阶段	掌握阅读（或流畅读）阶段（7~8岁）。这个阶段学生的知识和语法积累不足，认知能力有限，所以应当适当避免阅读的复杂性。	《唐诗三百首》《弟子规》《三字经》《成语故事》《稻草人》《木偶奇遇记》《伊索寓言》……	励志版名著，由阅读专家及各省教研员为青少年专门打造，兼顾教材与素质培养，注重快乐阅读、无障碍阅读。 检测：能熟练阅读并复述1~3本必读名著的内容。	读4~8本名著（兼顾中外），以兴趣阅读为主，精读不少于1本，每周阅读时间不少于6小时，以便从小就养成良好的阅读习惯。
第二阶段	为学习新知而阅读（9~13岁）。前期（低年级）可以阅读无须专业知识铺底就能理解的书籍，后期（高年级）需要增加阅读的难度。	《三国演义》《西游记》《水浒传》《城南旧事》《格林童话》《安徒生童话》《鲁滨逊漂流记》《汤姆·索亚历险记》《海底两万里》……	励志版名著的书目，由中国的阅读专家和欧洲著名的内容提供商艾阁萌提供；借鉴了国外的兴趣阅读与素质培养的经验；辅以导读与思考题，可同时满足课堂教学的需要。 检测：能熟练引用名著内容并应用到写作当中。	读8~16本名著。应遵循由浅入深的原则，在关注2~3个品质主题的基础上，逐渐提高鉴赏能力。精读3本名著，每周阅读时间不少于6小时。
第三阶段	通过阅读，多角度了解人生（14~18岁），从一个初级阅读者逐渐成为一个成熟阅读者。要努力积累知识、发展潜力，学会理解与反思，达成个人目标。	《朝花夕拾》《骆驼祥子》《繁星·春水》《格列佛游记》《童年》《简·爱》《钢铁是怎样炼成的》《假如给我三天光明》《老人与海》……	励志版名著，从易至难，指导学生完成阶梯式阅读。它可以满足这个年龄段的学生对社会、对人生的好奇与探索。它保留了名著引导读者认识人生的特点。 检测：是否具有精读、反思、举一反三的能力。	这一阶段是青少年品质形成的重要时期，应增加精读书目数量，结合专项品质（如专注、乐观、进取、尊严等），进行重点阅读，以形成分析、反省、批判等综合能力。要记读书笔记。每周阅读时间不少于6小时。

　　注： 励志版名著依据教材，但绝不仅仅服务于考试。如通过对《老人与海》的专项阅读，学生能够培养勇敢不屈、顽强坚毅的意志品质。这套名著强调对学生素质品质形成与成长的帮助。

无障碍阅读

彩插励志版

森林报·夏

SENLIN BAO XIA

〔苏联〕维·比安基 著

吕 娣 译

时代文艺出版社
SHIDAI WENYI CHUBANSHE

图书在版编目（CIP）数据

森林报. 夏 / (苏) 维·比安基著；吕娣译. -- 长春：时代文艺出版社，2021.6（2022.12重印）
（无障碍阅读：彩插励志版）
ISBN 978-7-5387-6839-8

Ⅰ.①森… Ⅱ.①维… ②吕… Ⅲ.①森林－儿童读物 Ⅳ.①S7-49

中国版本图书馆CIP数据核字(2021)第104545号

森林报·夏
SENLIN BAO XIA

〔苏联〕维·比安基 著 吕 娣 译

出 品 人：吴 刚
责任编辑：徐 薇
装帧设计：韩志鹏
排版制作：林若帆

出版发行 时代文艺出版社
地 址：长春市福祉大路5788号 龙腾国际大厦A座15层 （130118）
电 话：0431-81629751（总编办） 0431-81629755（发行部）
网 址：weibo.com/tlapress（官方微博） sdwycbsgf.tmall.com（天猫旗舰店）
开 本：920mm×1280mm 1/16
字 数：135千字
印 张：13
印 刷：三河市春园印刷有限公司
版 次：2021年6月第1版
印 次：2022年12月第3次印刷
定 价：16.80元

如何进行价值阅读

——《森林报·夏》一书以"林中大战"为例进行解读

故事简介

只要森林里的雪一融化，伐木工人采伐过木材后留下的荒漠就会变成林木种族之间的战场。云杉、白杨和白桦的种子相继落在这片空地上，它们要上演的是一场跌宕起伏的激烈的肉搏战。对于它们任何一方而言，这都不是一次简单的征战，它们既互为敌人，又同时面临着同样的敌人——野草大军、狂风、严寒……

价值解读

1. 关于团结

在与野草大军的战争中，白桦和白杨比云杉赢得轻松，这在一定程度上取决于它们通力协作，而云杉是孤军奋战。白桦和白杨密集成群、快速地生长，一排排紧靠着，把手臂一般的枝叶连接在一起。它们搭建了一个严密的顶篷，遮挡了阳光，青草在它们的树荫下忍受不住阴暗和潮湿，渐渐地枯萎了。

价值启示：个体的力量终是有限的，假如你身处一个人人通力合作、各自发挥所长的集体，这个集体的力量一定比你一个人的力量大得多。面对困难，我们既要拿出十足的勇气和努力，也要懂得依靠集体的力量，充分发挥团队精神，与队友团结一心，共克难关。

2. 关于坚持

在多阴的阔叶帐篷下，野草闷死了，而云杉非常有耐心，坚持不懈地与恶劣的条件做斗争。能够坚持下来的云杉，终于熬过了充斥着昏暗与潮湿的日子，成功钻出了地面。战争还没有结束，钻出地面之后，云杉要不断地储蓄能量，等待树叶帐篷的顶上出现窟窿的时机到来，继而在阳光底下茁壮成长。这是一场不知何时才是尽头的漫长等待。

价值启示：坚持不懈是实现目标的重要因素。如果不能抗住磨难的考验而轻言放弃，不能坚持不懈地为自己的理想奋斗，本领再高，也只会与成功渐行渐远。放弃，意味着偏离原来的轨道；坚持，才能一直朝目标奔去。

△ 狐狸假装到树林中去了，其实，它是躲在灌木丛后，坐在那儿等着。獾从洞里探出头
四处张望了一下，看到狐狸离开了，它才爬出洞，去树林里找蜗牛吃。

△ 原来，她俩迷路了。她们是这样迷路的：早上的时候，她们去河里洗澡，并记住自己
是从淡蓝色的亚麻田中走过去的。午后要回家的时候，却怎么也找不到那块淡蓝色的
亚麻田了，于是她俩就迷路了。

△ 为了小驼鹿这个独生子，驼鹿妈妈随时准备着牺牲自己的性命。就算是大熊想攻击小驼鹿，驼鹿妈妈也一定会前后蹄一起乱踢起来。

△ 我到湖边去洗澡的时候，看到一只老矶凫正在教它的孩子们游水，教它们遇到人怎样
闪躲。

△ 有一天，我正沿着这个湖窄窄的水湾走的时候，草丛中突然飞出了几只野鸭，其中就有那只白野鸭。我举起枪来，对准它就打。可是，在开枪的一瞬间，白野鸭让一只灰野鸭给挡住了。灰野鸭被我的枪打伤了，掉了下来。而白野鸭却和其他的野鸭一起逃走了。

△ 我把车停下来，下了车往前走了几步，拾起一根树枝，朝着猫头鹰扔了过去。猫头鹰
马上飞走了。它刚一飞走，枯树枝堆底下就飞出了几十只小鸟。原来，它们躲在那
里，现在终于从它们的敌人——猫头鹰的利爪下逃脱了。

全书导读

普通报纸上一般只刊登有关人的消息，那么，有没有一份关于植物、飞禽走兽及昆虫的报纸呢？

著名科普作家维·比安基的代表作《森林报》，就是这样一份报纸。它也是一部描写大自然的经典儿童科普读物，是一部儿童森林百科全书，是一部让我们回归自然、培养科学爱好、增强环保意识的绝佳课外读物！

在《森林报·夏》中，作者用通讯的体裁，以及拟人化的语言、充满童趣的口吻，为我们讲述了夏天森林里动植物的变化，把动植物的生活描写得栩栩如生，引人入胜！作者还告诉了我们观察、思考和探究大自然的方法。全书根据月报形式编排，每月一期，把夏天分为三期。

如今，我们对大自然已经越来越陌生，甚至缺乏最基本的认识，而《森林报》会帮助我们走近大自然。用心阅读这本有趣的大自然之书，它不但会丰富我们对动植物的知识，而且能够让我们见识到夏天动植物丰富多彩的生活，更会让我们懂得应该尽心尽力地保护大自然。让我们走入夏天，去探寻大自然中的无穷奥秘吧！

名师导学3-2-1

3 个阅读要点

◎阅读全书，厘清按照森林历，夏季可以分为哪几个月，这样分有什么依据。

◎认真阅读，找出每个月份都有哪些动植物，印象深刻的有哪些。

◎阅读后谈谈你从文中收获了什么，再联系生活实际，谈谈你的体会。

2 个知识要点

◎作者巧妙地运用了比喻、拟人和想象的手法，使语言形象、生动。分别找出几个例句，试着运用这样的手法，把自己喜爱的动物或植物描述出来。

◎书中有些场面描写十分细致、生动，把这些场面描写找出来，并运用到平时的写作中。

1 个成长要点

◎通过阅读本书，我们能知道：只有善于观察的人，才会不断地充实自己，才会越来越熟悉大自然，并更加热爱大自然！在生活和学习中我们要善于观察、探究，勤于动脑、动手，这样，我们才能不断丰富自己的知识，从而不断成长。

目　录
CONTENTS

鸟儿做窠月（夏季第一个月）

雏鸟出世月（夏季第二个月）

森林报

4

鸟儿做窠月（夏季第一个月）

导读　夏天是蓬勃的，夏天是丰富的，夏天是活泼的。夏天，一片生机勃勃！在充满活力的夏天，森林中的动植物是怎样生活的呢？那些飞禽走兽、鱼、虫儿又都住在哪里呢？

一年——分为12个月的太阳诗篇

6月——蔷薇花开的时节，候鸟搬完了家，夏天来临了。现在是白昼最长的时候，在遥远的北方，已经没有黑夜了，太阳24小时都挂在空中。在潮湿的草地上，花儿越来越富有阳光的色彩——立金花、金凤花、毛茛（gèn）什么的，把草地染成了一片金黄色。

这时候，人们在阳光明媚的时刻，采集药草的叶、根和茎，以备在突然生病的时候使用。

6月22日——夏至，一年之中白昼最长的一天过去了。

从这一天开始，白昼开始逐渐缩短，缩短的速度像春天光明增加的速度一样，慢极了，不过，看起来还是挺快的！俗话说："夏天的头顶都从篱笆缝里露出来了……"

飞禽们都有了自己的窠（kē），它们的窠里都有了蛋——各种颜色的蛋！娇弱的小生命从薄薄的蛋壳里诞生了！

各有各的住处

孵雏鸟的季节来到了。林中居民们都建造了属于自己的房子。

我们《森林报》的通讯员打算去了解一下：那些飞禽走兽、虫儿以及鱼都住在哪儿？它们的日子过得怎么样？

好住宅

现在，整个树林里都住满了，上上下下全是它们的住宅。哪儿也没留一点儿空地方。地底下、地面上、水底下、水面上、树枝上、树干中、草丛里及半空中都住满了。

黄鹂的住宅建在半空中。黄鹂用大麻、毛发和草茎，编成一个小巧玲珑的篮子式的住宅，把它挂在白桦的树枝上。小篮子里搁着黄鹂的蛋。说起来也真奇怪，树枝随风晃动的时候，蛋竟然不会被打破！

百灵、林鹨（liù）、鸦和其他许多鸟儿的住宅建在草丛里。篱莺的窠棚是用干苔和干草搭成的，上面有个棚顶，门在侧面。我们的通讯员最喜欢它的住宅了。

鼯鼠（哺乳动物，外形像松鼠。鼯，wú）、小蠹虫、木蠹虫、啄木鸟、山雀、猫头鹰、椋鸟还有许多别的鸟儿把住宅建在树洞里。

鼹鼠、田鼠、獾、灰沙燕、翠鸟及各种各样的虫儿把住宅建在地底下。

䴘䴘（pìtī）——一种潜鸟。它的窠浮在水上，是用沼泽中的芦苇、草和水藻堆成的。䴘䴘就栖息在这只浮窠里，在湖里漂来漂去，就好像乘木筏一样。

银色水蜘蛛和河榧（fěi）子把房子建在水底下，它们的住宅很小。

谁的住宅最好

我们的通讯员想要找出一处最好的住宅。不过要确定哪一处住宅最好，可不是一件容易事呀！

雕的窠是最大的，是用粗树枝建成的，架在又粗又壮的松树上。

黄脑袋戴菊鸟的窠是最小的，整个窠只有拳头大小。原来，它自己的身子比蜻蜓还小呢！

田鼠的住宅是最巧妙的，有前门、后门，还有应急门。无论你费多大力气，也别想在洞里逮住它。

卷叶象鼻虫的住宅建得最精致。它是一种有长嘴的甲虫。它咬去白桦树叶的叶脉，然后等到叶子变黄的时候，把叶子卷成筒状，用唾（tuò）液粘住。雌卷叶象鼻虫就是在这圆筒形的小房子里产卵的。

夜游神欧夜鹰和戴领带的勾嘴鹬（yù）的窠是最简单的。欧夜鹰把蛋下到树底下枯叶堆里的小坑洼中，勾嘴鹬把它的四个蛋就下到河边的沙滩上。这两种鸟儿，在建造住宅上都没下什么功夫。

反舌鸟的住宅是最漂亮的。反舌鸟是篱莺的一种，它非常擅长模仿人说话和其他鸟儿的叫声。它把窠搭在白桦树枝上，用轻巧的桦树皮和苔藓做装饰。它还在一所别墅的花园中，捡到一些人们丢在那里的彩色纸片，也编在窠上做装潢了。

长尾巴山雀的小窠是最舒服的。由于它的身子看起来很像一只舀汤用的长柄勺，所以它还有个名字叫作汤勺子。它的窠整个是球形的，看起来就像个小南瓜；窠顶的正中间，还有个小圆门；外层是用苔藓粘成的，里层是用羽毛、绒毛和兽毛编制的。

河樏子幼虫的住宅是最轻便的。

河樏子是一种有翅膀的昆虫。每当停下来的时候，它们就会把翅膀收拢，盖在脊背上，正好遮住全身。河樏子的幼虫全身光光的，没有翅膀，没有东西遮体。它们就住在小溪或者小河底。

河樏子的幼虫只要找到一片跟自己脊背差不多长短的芦苇或者一根细枝，就把一个沙泥小圆筒粘在上面，然后倒爬进去。这就是它的住宅。

这样多方便，全身躲在小圆筒里，在里面安安稳稳地睡上一觉，谁也不会发现它；如果想要挪挪地方，就把前脚伸出来，背着小房子在河底爬上一阵子。多么轻便的小房子呀！

一只河榧子的幼虫，找到了一根落在河底的香烟嘴，钻进去，带着它就可以到处旅行。

银色水蜘蛛的住宅是最奇怪的。它住在水底下，在水草间织上一张蜘蛛网，用蛛丝做个杯形的窠，把这个窠倒挂在水草梗（gěng）子上，然后它用毛茸茸的肚皮，从水面上带来一些气泡，放在蜘蛛网下面。把空气灌进窠里，把窠里的水都排出去。它就住在这个有空气的小房子里。

谁还会做窠

我们的通讯员还发现了野鼠窠和鱼窠。

野鼠的窠跟鸟窠完全一样，是用撕得细细的草茎和草叶编成的。它的窠距离地面大约有两米，架在圆柏树的树枝上。

棘（jí）鱼给自己建了个地地道道的窠。雄棘鱼负责建窠的工作。建窠的时候，它只选分量重的草茎，因为这种草茎即使放在水面上也不会漂浮。雄棘鱼用草茎建造墙壁和天花板，再用唾液把它们粘牢，然后用苔藓把一个个小窟窿塞住。它的两扇门开在窠的墙上。

造房子用什么材料

森林中的小房子，是用很多种材料建成的。

鸫鸟是一位有名的歌唱家，它的窠是圆形的，内壁上涂抹着烂木屑，就好像我们用石灰涂抹墙壁一样。

金腰燕和家燕的窠是用烂泥做成的，它们用自己的唾液把泥窠粘得很牢固。

黑头莺的窠是用细树枝搭成的，它是用又黏又轻的蜘蛛网把那些细树枝粘牢的。

鸤（shī）这种小鸟，总是在挺直的树干上，头朝下，跑来跑去。它住在树洞里，树洞的洞口很大。它害怕松鼠闯进它的窠里，所以就用胶泥把洞口封起来，只剩个刚刚能让自己挤进去的小洞口。

翠鸟的毛色绿里透蓝，外带咖啡色斑纹，它建的窠非常有趣。它在河岸上挖了一个洞，洞很深，在小房子的地上铺上了一层细鱼刺。这样一来，它就有了一条软软的床垫。

借住别人的住宅

要是谁懒得自己造房子，或者不会造房子，就借用别人的房子。

杜鹃把蛋下在黑头莺、鹡鸰（jílíng）、知更鸟和别的鸟儿的窠里。

树林里的黑勾嘴鹬，找到了一个旧乌鸦窠，就在那里孵起了小黑勾嘴鹬来。

一种叫鮈（jū）鱼的小鱼非常喜爱没有主的虾洞。这种小洞建在水底的沙岸壁上。鮈鱼就把鱼子产在那些小洞里。

有一只麻雀把家布置得非常巧妙。

一开始,它在屋檐下建了个窠,不过被男孩子们捣毁了。

然后,它又在树洞里建了个窠,可是它的蛋又被伶鼬(yòu)偷去了。

于是,麻雀把窠安置在了雕的大窠里。雕的窠是用粗树枝搭成的,麻雀把它的小房子安置在这些粗树枝之间,地方十分宽敞。

现在,麻雀再也不用怕谁了,它终于可以过上太平日子了。庞大的雕根本不会去在意这么小的鸟儿。至于那些伶鼬、老鹰、猫,甚至是男孩子们,也不可能再去破坏麻雀的窠,因为谁都害怕大雕。

大公寓

森林中也有大公寓。

蚂蚁、蜜蜂、黄蜂和丸花蜂建的住宅,可以住下成百上千的房客。

秃鼻乌鸦占据了小树林、果木园,视为自己的移民区,在那里,许许多多的窠聚集在一起;鸥占据了沙岛、沼泽和浅滩;灰沙燕占据了陡峭的河岸,在那里凿了无数的小洞,把河岸弄得像个筛子似的。

窠里有什么

窠里有各种各样的蛋。一种鸟蛋一种模样,谁跟谁的也不一样。

不一样的鸟儿产不一样的蛋，这是有一定道理的，并不是平白无故。

歪脖鸟的蛋是白色的，稍微带点儿粉红色；勾嘴鹬的蛋上布满了大大小小的斑点。

原来，歪脖鸟把蛋下在深邃（深。邃，suì）黑暗的树洞里，不会轻易被别人发现。而勾嘴鹬直接把蛋下在草墩上，完全显露在外面。它们如果是白色的，那就会被一眼看到，所以勾嘴鹬的蛋跟草墩是一样的颜色。你很可能不会发现它们，一不留神就会把它们踩在脚底下。

野鸭的蛋差不多也是白色的，但是它们的窠建在草墩上，而且丝毫没有遮拦。所以野鸭不得不要个花招。在离开窠的时候，它们会啄下自己肚子上的绒毛，把蛋盖起来。这样一来，蛋就没那么容易被发现了。

勾嘴鹬的蛋为什么会一头尖？猛禽兀（wù）鹰的蛋为什么是圆的？

这道理很简单：勾嘴鹬是一种小型的鸟儿，它的身子只是兀鹰的五分之一。但是勾嘴鹬的蛋却很大，而且一头儿尖，这样，搁起来很方便。小头儿对着小头儿，紧紧靠拢在一起，可以节省很多空间。要是不这样的话，它怎么能用那小小的身体盖住那么多的蛋，又怎样来孵它们呢？

但是，为什么勾嘴鹬的蛋跟兀鹰的蛋几乎一样大呢？

这个问题，只能等到雏鸟出蛋壳的时候，在下一期的《森林报》上揭晓答案了。

林中大事记

狐狸怎样把獾撵了出去

狐狸家出事儿了！

洞里的天花板塌了下来，差点儿把小狐狸给压死。

狐狸一瞧：大事不妙，必须马上搬家。

狐狸来到了獾的家里。獾有一个完美的洞穴，是它自己挖的。洞穴有两个出入口，东一个西一个，还有分岔地道，横一条竖一条的，这些都是为了防止敌人趁其不备进攻时用来逃生的。

獾的洞穴很大，可以容得下两家子。

狐狸哀求獾让一间屋子给它住，但獾却一口回绝了。獾是爱干净、爱整齐的，哪儿脏一点儿它也不干，一点儿也不马虎。它怎么会让一个带着孩子的狐狸住进来呢！

于是，獾把狐狸撵出去了。

"好啊！你太过分了！走着瞧吧！"狐狸心想。

狐狸假装到树林中去了，其实，它是躲在灌木丛后，坐在那儿等着。

獾从洞里探出头四处张望了一下，看到狐狸离开了，它才爬出洞，去树林里找蜗牛吃。

狐狸悄悄地进了獾的洞中，在地上拉了一堆屎，把屋里弄了个稀巴烂，然后便溜之大吉。

好家伙！怎么会那么臭！獾回到家后气得哼唧了一声，就离开了洞，到别的地方又重新为自己挖洞去了。

獾离开了，这正是狐狸所希望的。

它把小狐狸们都衔过来，在舒服的獾洞中住了下来。

有趣的植物

浮萍几乎长满了整个池塘。有些人把浮萍叫作苔草。其实浮萍是浮萍，苔草是苔草。浮萍跟其他植物不一样，它是一种特别有趣的植物。它有着细小的根，漂浮在水面上的小绿圆片儿的上面，凸起一个椭圆形的东西，看起来像一个个小烧饼似的。这些凸起的东西，就是它的茎和枝条。浮萍不长叶子。花儿呢，偶尔也会开几朵，不过这是非常难得的。浮萍不用开花。它繁殖起来既快又简便，只要从小烧饼似的茎上脱落下来一个小烧饼似的枝条，一棵植物就会变成两棵了。

浮萍到处为家，谁也不能把它拴在一个地方，这样自由自在地生活可真不错。野鸭游过的时候，浮萍就会挂在野鸭的脚蹼（pǔ）上，随着野鸭飞到另一个池塘中去。

■尼·巴甫洛娃

会变戏法的花儿

在一些空地和草场上，绛（jiàng）红色的矢（shǐ）车菊开花了。一看到它，我就想起伏牛花来。因为它们有一种同样的本领：它们都会耍一套小戏法。

矢车菊的花是一种构造复杂的花儿，它的花儿是由很多小花构成的花序。它上面那些蓬蓬松松、像犄角一样的漂亮小花，都是不结子的无实花。真正的花儿在中间，是很多绛红色的细管子。这种细管子中，有一根雌蕊，还有好几根会耍戏法的雄蕊。

只要一碰到那些绛红色的细管子，细管子就会往旁边一歪，从它的小孔里还会冒出一小股花粉来。

过一会儿，你如果再碰它一下，它就又会往旁边一歪，然后又冒出一小股花粉来。

就是这么一套有趣的小戏法！

这些花粉可不是白白浪费的。只要有昆虫向它要花粉，它就会给一点儿。拿去吃也成，沾在身上也成，只要多少带点儿到另一朵矢车菊上去就行了。

■尼·巴甫洛娃

夜行大盗

森林里出现了一个夜行大盗，总是神出鬼没的，闹得林中居民们整日提心吊胆的。

每天夜间，总会有几只小兔子失踪。小鹿呀，兔子呀，松鼠呀，琴鸡呀，松鸡呀，榛（zhēn）鸡什么的，一到夜里就变得心神不宁，觉得大祸要临头了。不管是灌木丛中的鸟儿、地上的老鼠，还是树上的松鼠，都不知道强盗会从哪里闯出来。神出鬼没的强盗，总是防不胜防——有时候在草丛中出现，有时候在树上出现，有时候是在灌木丛中出现。好像凶手不止一个，而是一大伙儿呢！

森林中有一个獐鹿家庭，一只雄獐鹿、一只雌獐鹿和两只小獐鹿。几天前的一个夜里，它们全家都在林中的空地上吃草。雄獐鹿站在离灌木丛八步远的地方放哨，雌獐鹿带着两只小獐鹿在空地上吃草。

忽然间，一个乌黑的东西从灌木丛中蹿了出来，只一蹦，就跳到了雄獐鹿的背上。雄獐鹿瞬间倒了下去，雌獐鹿带着两只小獐鹿拼命地逃进了森林。

第二天早上，雌獐鹿回到了那片空地上，只看见了雄獐鹿的两只犄角和四个蹄子。

昨天夜里驼鹿又被偷袭了。它穿过草木丛生的密林时，在一棵树的枝上，发现好像有个形状很奇怪的大木瘤。

驼鹿算是森林中的大汉了，它长着一对大犄角，连熊都不敢侵犯它，它还用怕谁呢？

驼鹿走到了那棵树下，正要抬起头来仔细看看，树上的大木瘤到底是什么样的，突然，一个吓人的、足足有300公斤重的东西，一下子压到了它的脖子上。

对于这样的出其不意，驼鹿大吃一惊。它把脑袋猛晃了一下，强盗被它从背上甩了下去，然后驼鹿拔腿就跑，头也不敢回一下。所以，它也没搞清楚夜里偷袭它的到底是谁。

我们这个树林中没有狼。即使有，狼也不会上树哇！而熊呢，现在正躲避在密林深处，它才懒得动弹呢！再者说，熊也不可能从树上蹦到驼鹿的脖子上去呀！那么，这个神出鬼没的强盗到底是谁呢?

目前，还没有真相大白。

欧夜鹰的蛋莫名其妙地消失了

我们的通讯员发现了一个欧夜鹰的窠。它的窠里有两个蛋。当人靠近的时候，雌欧夜鹰就从蛋上飞走了。

我们的通讯员没有动它的窠，只是把它的窠所在的地点，清清楚楚地记下来了。

一个小时之后，我们的通讯员又回到了那里，去看这个窠，他们发现窠里的蛋消失了。

蛋到哪儿去了呢？这是个谜。两天后，才弄清楚：原来，雌欧夜鹰担心有人会来捣毁它的窠，掏走窠里的蛋，所以它把蛋衔到别的地方去了。

勇敢的小棘鱼

我们已经说过雄棘鱼在水底下建的窠是什么样子的了。

窠建好以后，雄棘鱼就会给自己挑个棘鱼妻子，然后带回家。棘鱼太太从这边的门进去，产下鱼子后，马上就会从那边的门游出去。

雄棘鱼又会去找第二位棘鱼太太，然后又会找第三位、第四位，但是这些棘鱼太太通通都会跑掉，只留下它们产的鱼子，让雄棘鱼照顾。

雄棘鱼留下来独自看家，它的家里堆满了鱼子。

河中有很多爱吃新鲜鱼子的家伙。小个子雄棘鱼必须保护自己的窠，不让河中那些残暴的恶魔来侵犯它的鱼子。

不久前，贪吃的鲈鱼闯入了它的窠中。这个窠的主人——小个子棘鱼，勇敢地冲了上去，跟那个恶魔搏斗。

棘鱼的身上有五根刺，其中脊背上有三根，肚子上有两根。这会儿，棘鱼把那五根刺全都竖了起来，照着鲈鱼的鳃戳（chuō）过去，戳得可真巧妙哇！

原来，鲈鱼全身都披着甲——鱼鳞，只有鳃部毫无遮盖。鲈鱼被雄棘鱼吓了一大跳，灰溜溜地逃走了。

谁是凶手

今天夜里，树林中又发生了一件谋杀案，树上的松鼠是被害者。我们察看了一下出事的地点，依据凶手留在树干上和树底下的脚爪印，我们终于知道了这个神出鬼没的夜行大盗是谁。不久前害死獐鹿的是它，闹得所有林中居民惶恐不安（形容惊慌害怕，心神不宁）的也是它。

看了脚爪印，我们才搞明白，强盗就是我们北方森林中的"豹子"，也就是残暴的"林中大猫"——猞猁（shēlì）。

小猞猁们已经长大了。现在猞猁妈妈带着孩子们，满林子乱跑，在树上爬来爬去。

夜晚的时候，它们的眼睛看物体可以像白天一样清楚。谁如果在睡觉之前没躲好，那可就要大祸临头了！

六只脚的鼹鼠

我们的一位森林通讯员，从加里宁省发来了这样一份报道：

"为了学习爬树，我立了一根杆子。在挖土的时候，我挖出了一只小野兽，不知道它是什么兽。它的背上有两片薄膜，就像翅膀一样；前掌有脚爪；身上长着棕黄色的细毛，看起来像是又短又密的兽毛。这只小兽身长五厘米，有点儿像田鼠，又有点儿像黄蜂。但是它有六只脚，根据这个特点判断，它应该是一种昆虫。"

编辑部的说明

这种特殊的昆虫，就是蝼蛄（lóugū）。它长得确实有点儿像小兽。所以它有一个走兽般的绰号，叫"赛鼹鼠"。它跟鼹鼠长得最像：前爪很宽，是挖土的一把好手。不过，蝼蛄的前爪还有个特点——长得像剪刀一样。它在地底下钻来钻去，就是靠这一双前爪剪断植物的根。

蝼蛄的两腭（è）上，长着一副锯齿状的薄片，就好像牙齿一样。

蝼蛄生活中的大部分时间都是在地下度过。它像鼹鼠一样，在地下挖通道，在通道里面产卵，然后在上面堆个小土堆儿，跟鼹鼠的窝一样。另外，蝼蛄还长着两扇柔软的大翅膀。它飞得很好，这一点，鼹鼠可比不上它。

在加里宁省内，蝼蛄是很少见的；在列宁格勒州内更少。但是在南方各省，蝼蛄却很常见。

如果谁想找到这种与众不同的昆虫，就去潮湿的土里找吧！最好是在水边、菜园里和果木园里。用下面这个方法可以捉到它：选好一处地方，每天晚上给那块地方浇水，再用木屑把那块地方盖起来。半夜的时候，蝼蛄自然就会钻到木屑底下的稀泥里。

刺猬救了她

马莎一大早就醒来了，匆匆忙忙穿上衣服，光着脚丫就跑到树林里去了。

在树林里的小山冈上，结着很多草莓果。马莎眼明手快，不一会儿就采了一小篮，转身跑回家。一路上，她在被露水打湿了的冷冰冰的草墩上蹦蹦跳跳。跳着，跳着，她一不小心脚底下一滑，痛得尖叫起来，原来她的一只小脚丫从草墩上滑下去时，被什么尖东西戳出了血。

正好有一只刺猬在草墩下蹲着，这会儿它把身子蜷缩成一团，尖叫了起来。

马莎坐到旁边的草墩上哭了起来，用衣服擦着脚丫上的血。刺猬不叫了。

突然，一条背上带有锯齿形黑色条纹的大灰蛇，径直朝马莎爬了过来。这是一条有剧毒的蝰蛇！马莎吓得浑身发软，动弹不得，蝰蛇越来越近了，咝咝咝地吐着那叉子般的舌头……

这时候，刺猬突然挺直了身子，小腿飞奔着向蝰蛇跑过去。蝰蛇把整个上半身抬了起来，像根鞭子似的扑过来。不过刺猬也非常敏捷，它赶紧竖起身上的刺迎过去。蝰蛇咝咝咝地狂叫起来，想转身逃走。刺猬却扑到它的身上，从背后咬住了它的脑袋，用爪子不停地扑打着它的脊背。

这会儿，马莎才清醒过来，连忙跳起来，跑回家去了。

蜥 蜴

在树林中的一个树桩旁边，我发现了一只蜥蜴，捉住了它并带回了家。我在一个大玻璃罐里，铺了石子儿和沙土，然后把它养在了里面。我每天给它换水、换草，往玻璃罐里放一些蜗牛、甲虫、苍蝇、虫子的幼虫、蛆（qū）虫什么的。蜥蜴每次都狼吞虎咽，大口地吞食着。它非常喜欢吃生长在甘蓝丛里的那种白蛾子。它迅速地把小脑袋一转，朝着白蛾子张开嘴巴，吐出叉子般的小舌头，然后跳起来，朝着那美味的食物扑过去，就像狗扑肉骨头一样。

一天早上，我在小石子儿间的沙土里，发现了十来个椭圆形的小白蛋，蛋壳又软又薄。蜥蜴在一个能晒到太阳的地方孵蛋。一个多月之后，小白蛋破壳了，十来只动作灵活的小不点儿蜥蜴从蛋壳中钻了出来，长得跟它们的妈妈一模一样！

现在，这一大家子全都爬到小石头上，懒洋洋地晒着太阳。

■森林通讯员　谢斯嘉科夫

摘自少年自然科学家的日记：

燕子窠

6月25日　过去了一天又一天，我亲眼看着一对燕子辛苦地衔泥做窠。那个窠一天一天地变大了。每天一大早，它们就开始工作。中午休息两三个小时，然后又开始修修补补、堆堆粘粘，一直忙到傍晚时分。总是不停地把泥往上粘，是粘不牢的——必须让稀泥干一干才可以呀！

有的时候，其他的燕子会飞来拜访它们。要是房顶上没有猫的话，小客人们就会在梁木上歇一会儿，叽叽喳喳、和和气气地聊上一会儿天。新居的主人是不会下逐客令的。

现在，窠看起来已经像个下弦月了，就是月亮由圆到缺，两个尖角朝右时的那种样子。

我很清楚，燕子的窠为什么会做成这个样子，左右两边为什么不是均匀地增长。那是因为窠是雄燕子和雌燕子共同建造的，可是它俩的干劲儿不一样。雌燕子干活儿很细心，它衔泥飞回来的时候，它的头总是往左边歪，它一个劲儿地往左边粘泥，并且它飞出去衔泥的次数比雄燕子要多很多。雄燕子经常一飞走就连续几个小时不飞回来，一准是在云霄里和其他燕子追逐打闹呢！它落在窠上的时候，头老是朝右边。它干活儿当然会落在雌燕子的后边，燕子窠的右半边总是比左半边短一块，所以燕子窠的左右两边才会不均匀地增长。

照理说，雄燕子比雌燕子还身强力壮呢！它那么懒，不干活儿也不知道羞愧！

6月28日 燕子不再衔泥了，它们开始往窠里衔绒毛和干草，铺垫子。真没想到，燕子们把全部建筑工程估计得这么周全，原本就该让窠的一边比另外一边增长得快一点儿！雌燕子把窠的左半边堆完了，而雄燕子的右半边却始终没有堆到顶。这样一来，就堆成了一个缺个角的泥圆球，在右上角留了一个洞口。不用说，它们的窠就应该是这个样子的——这就是它们家的门呀！不然的话，这对燕子还怎么进入它们的家呢？搞了半天，当初我骂雄燕子懒，是冤枉它了。

今天是雌燕子第一次留在家里过夜。

6月30日 窠终于做好了。雌燕子一直待在窠里不出门，大概它已经开始产蛋了。雄燕子时不时地给雌燕子衔来一些小虫子，还不停地唱着欢快的歌，叽叽喳喳、喜气洋洋地说着贺词。

第一批贺客——那群燕子又飞来了。它们一只只地从窠旁边飞过去，不停地向窠里张望着，在窠前扑打着翅膀。这时候，那只雌燕子正把小脸儿探出门外，说不定客人们正向这位幸福的女主人献上祝福的吻呢！客人们叽叽喳喳地热闹了一阵子，飞走了。猫不断地爬上屋顶，在梁木上朝屋檐下张望着。它也许正迫不及待地等着窠里即将出世的小燕子呢！

7月13日 两个星期以来，雌燕子一直伏在窠里，几乎没有出来过。除了在中午，一天中最暖和的时候，它才会飞出来一会儿，那时候，娇嫩的蛋不会受凉。它在屋顶上打几个盘旋，捉几只苍蝇，然后再飞到池塘边，低低地从水面上掠过，小嘴喝点儿水，喝够了，就会飞回窠里去。

但是今天，这一对燕子开始一起忙忙碌碌地在窠里飞进飞出了。有一回，我看到雄燕子的嘴里衔着一块白色的蛋壳，雌燕子的嘴里衔着一只小虫子。不用说，窠里的小燕子已经出世了。

7月20日 不得了了！出事了！猫爬到屋顶上了，它差不多把整个身子从梁木上倒挂了下来，试图用爪子往窠里面掏。窠里的小燕子好可怜哪！它们啾啾啾地叫个不停！

这当口，不知从哪儿飞过来一大群燕子，大声地叫着，急切地飞着，几乎要撞到猫的脸上了。嗬！一只燕子差点儿被猫捉住！可不得了了！猫又朝着另外一只燕子扑过去了……

真是太好了！这个灰色的强盗脚一滑，扑了个空，然后从梁木上摔了下去……

虽说只是摔倒，并没摔死，可也够它受的。它喵呜地叫了声苦，跛着三条腿，一瘸一拐地离开了。

这可真是自作自受！这下子，猫可再也不敢来骚扰燕子了。

■森林通讯员　维利卡

小燕雀和妈妈

我家的院子里，花草茂盛，绿树成荫。

我在院子里走着走着，突然，一只小燕雀从我的脚底下飞了出来，它的脑袋上长着两撮（zuǒ）儿绒毛，像犄角一样。它飞了起来，然后又落了下去。

　　我把它捉住，带回了家。父亲让我把它放在了打开的窗口。

　　过了不到一个小时，小燕雀的爸爸妈妈就来喂它了。

　　就这样，它在我的家里住了一天。晚上，我把窗户关上，把小燕雀放进了笼子里。

　　早上五点钟，我醒来的时候，发现小燕雀的妈妈在窗台上蹲着，嘴里还叼着一只苍蝇。我跳起来，把窗户打开，自己躲在角落里暗暗地观察。

　　过了一会儿，小燕雀的妈妈再一次飞落在窗台上。小燕雀开始叽叽啾啾地叫起来，一定是要东西吃呢！这时，小燕雀的妈妈才下决心飞进了屋里，蹦到笼子前面，隔着笼子喂小燕雀吃东西。

　　后来，当它又飞走找食物的时候，我把笼子打开，把小燕雀拿到了院子里去。

　　等我想起再去看小燕雀的时候，它已经不见了，我想一定是燕雀妈妈把小燕雀领走了。

■贝科夫

金线虫

　　在湖沼、池塘和江河里，有一种神秘的生物叫作金线虫，在普通的深水坑里也可以找到它。据说，当人洗澡的时候，它会钻到人的皮肤里，在里面窜来窜去，让人感到奇痒无比，难以忍受。

金线虫看起来像一根棕红色的线，更像用钳（qián）子钳断的一截金属丝。它非常坚硬，把它放在一块石头上，然后用另外一块石头敲打它，它也无所谓，还会不停地伸长、缩短，或者盘成一个奇妙的团儿。

实际上，金线虫对人类并没有害处，它是一种没有脑袋的软体虫。雌金线虫的肚子里装满了卵。它们在水里把卵孵成长有角质的钩刺和长吻的小幼虫。这些小幼虫附在水栖昆虫的幼虫身上，钻进那些幼虫的体内，然后被那些幼虫的外皮包裹起来。以后，要是它们的"主人"不被水蜘蛛或者昆虫什么的吞进肚子里，它们的一生就算完了。要是能进入新"主人"的体内去，它们就会在那里变成没有脑袋的软体虫，钻到水中来，吓唬那些有迷信思想的人。

用枪打蚊子

国立达尔文禁伐禁猎区的宿舍和办公楼，位于一个半岛上，周边是雷滨海。这是一个新海，一个特殊的海，不久前，这里还是一片茂密的森林呢！海水很浅，有的地方，还有树梢露在水面上。这个海里的水温温的，是淡水，所以有不计其数的蚊子在那里居住。

这些小吸血鬼钻进科学家们的餐厅、卧室和实验室里，搞得大家饭也吃不下，觉也睡不好，更别提好好工作了。

晚上的时候，只听见每个房间里，都会突然传出霰弹枪的枪声来。

出什么事了？

其实真的没有什么特别的事，他们只不过是在用枪打蚊子而已。

当然，子弹筒里装的并不是子弹，也不是铅霰弹。科学家们往带引信的弹壳里装上了少量打猎时用的普通火药，又堵上了个结实的填弹塞。然后，把弹壳里装上满满的杀虫粉，塞住，不让它漏出来就成了。

这样一开枪，杀虫粉就像一阵很细的灰尘一样，遍布在整个建筑物中，钻进所有的缝隙中去，碰到哪儿，哪儿的虫子就被杀死了。

一位少年自然科学家的梦

一个少年自然科学家想要在他的班里做个报告，题目是《我们如何跟森林和田园里的害虫做斗争》。他正在做准备，用心地搜集着相关材料。

他读到了这样的一段话："为了用机械和化学方法跟甲虫做斗争，水泵（bèng）的费用超过了 13700 万卢布。用手捕捉了 1301 万只甲虫。把这些甲虫装进火车里，就会装满 813 节车厢。为了和昆虫做斗争，每一公顷的土地上都耗费了 20 ～ 25 个人工……"

看了这些，少年自然科学家感到头昏脑涨。如蛇一样长的一串串数字，拖着由很多零构成的长尾巴，在他的眼前晃来晃去，转上转下。他只好去睡觉了。

他被噩梦折磨了一夜。成千上万的一队队甲虫、青虫和幼虫，从黑乎乎的森林中爬出来，飞快地穿过田地，把田地团团围住，要把田地给毁了。他用手掐死了一些虫子，又拖着水龙带（浇地用的长塑料带）用杀虫药浇它们，可是一点儿也看不出减少，只见它们源源不断地拥过来。它们从哪里经过，哪里就变成了一片荒漠……少年自然科学家一下子从梦中惊醒了。

到了早上，少年自然科学家发现事情并没有那么可怕。在他的报告里，他建议，在鸟节的那一天，大家要做好许多的山雀窠、树洞形鸟窠还有椋鸟屋。小鸟捕捉幼虫、甲虫和青虫的本领，比人可大多了，而且它们还不拿工资，白干活儿！

请试验一下

据说，在没有顶的笼子上面，或者在周围有铁丝网、上面无遮盖的养禽场上面，交叉着拉上几根绳子，那么猫头鹰，甚至于雕鹗（è），就一准会在扑向笼子或铁丝网之前先落在绳子上歇歇脚。在猫头鹰或者雕鹗看来，这绳子十分坚固。可它只要一落到绳子上面，就会来个"倒栽葱"，因为绳子绷得很松，而且太细了。

"倒栽葱"之后，猛禽会一直头朝下挂到第二天早上——在这样的情况下，因为害怕跌到地上摔死，所以它们是不敢扑棱翅膀的。等到天亮时，你就可以把它们从绳子上取下来。

请做个试验，看这是不是真的。绳子可以用粗铁丝来替代。

"测钓计"

还听说过这样一件事：假如你想在哪条河或者哪个湖里钓鱼，就可以从那条河或那个湖里捞出几条小鲈鱼，把它们养在鱼缸或者装果酱的大玻璃罐里。这样你就可以随时知道，那天你是否犯得着到那条河或那个湖边去钓鱼。在去钓鱼之前，要喂鱼缸里的小鲈鱼一些东西吃。要是它们欢快地游过来抢食吃，就意味着那天容易钓到鱼——鲈鱼和别的鱼将会积极地吞食鱼饵。要是鱼缸里的鱼不吃食，就意味着那天河里或湖里的鱼，胃口也不好，说明气压有了变化，也许马上要变天了，说不准还会有雷雨呢！

对水和空气中的一切变化，鱼是非常敏感的。依据它们的行为，可以预知数小时之后的天气。不过，每个喜欢钓鱼的人，都该试验一下，这种活的"晴雨表"，是不是在室内和在露天条件下同样准确。

天上的大象

天上飘来一片黑压压的乌云，看起来真像一头大象。它时不时地把长鼻子拖到地上。大象的鼻子一触着地，地上就会扬起一片尘埃。尘土像根柱子似的不停地旋转着，旋转着，越来越大，最终和天上的大象鼻子连在一起，变成了一根顶天立地的旋转着的大柱子。大象把柱子搂进怀里，在天上向前奔去了。

那只大象跑到一座小城市的上空，停在那里不走了。

突然，它的身上洒下了大雨点。好大的雨哇！简直就是倾盆大雨！屋顶连着人们撑在头上的伞，都开始乒乒乓乓地响起来。你猜一下，是什么东西敲得它们乒乓响？是小鱼、蝌蚪和小蛤蟆！它们在大街上的水洼里乱窜乱跑、乱蹦乱跳了起来。后来，人们才弄明白，这片像大象一样的乌云，依靠龙卷风——从地下一直卷到天上去的旋风——的力量，从一片森林里的小湖中吸起了大量的水，连着水里的小鱼、蝌蚪和小蛤蟆一起吸了起来，在天上跑了好几千米之后，又把自己携带的全部物体丢在了这座小城市里。然后，它继续向前奔去了。

绿色的朋友

从前，我们的森林大得好像无边无际一样。

但是，森林的原主人不太会过日子，不懂得保护森林、爱惜森林。他们毫无节制地乱砍滥伐、滥用土地。

哪个地方的森林被他们伐光了，哪个地方就会出现峡谷和沙漠。

农田的周围要是没有了森林，干燥的风就会从遥远的沙漠里吹来，向农田进攻。火热的沙子会把田地掩埋起来，庄稼就干枯。面对这些死去的庄稼，谁也无能为力。

江河、湖泊和池塘的岸边要是没有了森林，积水就会干涸〔（河道、池塘等）没有水。涸，hé〕，峡谷就会开始向农田进攻。

但是，人们已经把那些不中用的当家人赶走了，亲自来掌管这些巨大的财富。人们已经向风、峡谷和旱灾宣战了。

于是，绿色的朋友——森林，就变成了人们的好帮手。

哪里的江河、湖泊和池塘没有遮蔽，正经受着烈日的炙（zhì）烤，我们就把森林派到哪里去。气魄雄伟的森林就像大汉一样挺直了魁梧的身躯，然后用头发蓬松的大脑袋，遮挡住了江河、湖泊和池塘，不让太阳晒到它们。

残酷的风，总是从遥远的沙漠里带来热沙，把耕地掩埋起来。哪里的农田需要保护，人们就在哪里植树造林。森林大汉挺起身躯，宛如一道铜墙铁壁挡住残酷的风，保护农田不让其受到风的袭击……

哪里翻松的土地往下塌陷，峡谷迅速扩展，或者哪里的农田的边缘被狼吞虎咽地侵蚀，我们就在哪里植树造林。森林，我们这位绿色的朋友，在那里用它那强有力的根紧紧抓牢土地，把土地稳固住，把到处乱爬的峡谷拦截住，不让它侵蚀我们的农田。

征服旱灾的战斗已经开始了……

重新造林

季赫温斯基区有好几处森林，以前都被砍光了。现在那里正在重造森林。250公顷的土地上，都被种上了云杉、松树和西伯利亚阔叶松。在230公顷的土地上，那里的树木曾经被砍得一干二净。现在那里的土地全翻松了，这样一来，那些砍剩下的树木结的种子，落在地上就很容易发芽。

有10公顷的土地种上了西伯利亚阔叶松。苗木已经发出了粗壮的芽。繁殖这种林木，可以让列宁格勒州内的森林中珍贵建筑木材的产量得到提高。

在那里，还开辟了一个苗木场，培育了各种各样的可以供作建筑木材用的阔叶树和针叶树。

还计划培育很多种果树及产橡胶的灌木——瘤枝卫矛。

■列宁格勒塔斯社

林中大战

（续前）

　　小白桦的命运，跟小白杨和草种族都差不多——它们都被云杉欺侮死了。现在，云杉再没有敌人了，它们在那块采伐迹地上称霸。我们的通讯员卷起帐篷，搬到了另外一块采伐迹地上去。前年的时候，伐木工人们在那里伐过树木。

　　在那里，他们亲眼目睹了霸占者——云杉在战争开始后第二年的状况。

　　虽然云杉树是很强大的，但是，它们也有弱点。

　　第一个弱点：它们把根扎进泥土里，虽然伸得够远，可是扎得并不深。秋天，在宽敞广阔的采伐迹地上，狂风怒号。很多小云杉都被狂风刮倒了，被暴风连根从土里拔了出来。

　　第二个弱点：幼年时期，云杉树还没有强健起来的时候，它们很怕冷。小云杉树上的芽全被冻死了；有些树枝还很柔弱，也被寒风吹断了。

春天到来的时候，在那块被云杉征服的土地上，连一棵小云杉也看不见了。

云杉并不是每年都结种子。虽然云杉很快获胜了，但是这胜利并不巩固。有很长一段时间，它们都丧失了战斗力。

至于狂暴的草种族，第二年春天，刚从土里钻出来就开始打仗了。这一次，它是跟小白桦、小白杨打仗。但是，小白桦、小白杨都已经长高了，毫不费力地就把那些细而有弹力的野草，从自己的身上抖落下去了。草把它们紧密地围住，反而对它们有利。去年的枯草，就像一条厚厚的地毯覆盖在地面上，腐烂后散发出热量。新长出来的青草，掩盖着刚出世的娇嫩的小树苗，保护着它们，不让它们受到早霜的侵害。

小白桦和小白杨都长得特别快，矮小的青草落在后面了，无论如何也赶不上它们的步伐。它刚一落在后面，马上就看不见天日了。

每当一棵小树长到比青草高一些的时候，它就马上把自己的树枝伸展开，把青草掩盖起来。白桦和白杨虽然没有云杉那样又密又暗的针叶，但是，这也没什么，因为它们的叶子很宽阔，树荫非常大。要是小树长得不是很茂密，草种族还可以挺得住。但是，在整个采伐迹地上，小白桦和小白杨都是密集成群地生长。它们把手臂一般的枝叶连接在一起，一排排紧靠着，全心全意地进行着战斗。

这几乎成了一个严密的树荫帐篷。青草在树荫下得不到阳光，就渐渐地枯萎了。

不久后，我们的通讯员就看到了结果：开战后的第二年，草种族彻底被白桦和白杨打败了。

于是，我们的通讯员又一次卷起帐篷，搬到了第三块采伐迹地上。

他们在那里发现了什么？在下一期的《森林报》上我们将会报道。

祝你钩钩不落空！

夏天出现雷雨、大风天气时，鱼会游到避风的地方去，比如说深坑呀、芦苇丛呀、草丛呀，等等。要是连着几天天气总不好，那么所有的鱼就会变得无精打采的，它们游到一个最僻静的地方去，喂它们鱼食，它们也没什么胃口。

天气炎热的时候，鱼会游到凉快的地方——那些有泉水从地下往外冒、水会变凉的地方。夏日炎炎的时候，只有早晨凉爽和傍晚暑气不重的时候，鱼才会上钩。

夏天干旱的时候，河水、湖水的水位降低，那时候，鱼就会游到深坑里去。可是，深坑里的食物并不充足。所以，只要钓鱼的人能够找到一个钓鱼的最佳地点，就可以钓到很多鱼，尤其是用饵食钓。

麻油饼是最佳的饵食，要先把它放入平底锅中煎一下，再用钵（bō）捣烂，然后跟煮烂的麦粒、豆子或米粒和在一起，或者撒在燕麦粥、荞（qiáo）麦粥里。这样，饵食就会发出新鲜的麻油味。鲤鱼、鲫鱼还有许多其他的鱼，都特别喜欢麻油的气味。要天天撒饵食喂它们，让它们习惯于一个地方，那么以后，食肉鱼——像刺鱼、梭鱼、鲈鱼、海马什么的，都会跟在它们后面游到这个地方来。

短时间的雷雨或小雨之后，水会变得凉一些，这样一来，鱼的食欲会大大增加。雾下来以后，天气晴朗的时候，鱼也很容易上钩。

谁都可以根据鱼上钩的情况、晴雨计、云彩、日出即散的夜雾，还有露水，来预测未来天气的变化。鲜亮的紫红色霞光，说明空气中的水蒸气很多，那就可能会下雨。相反，淡金红色的霞光，说明空气十分干燥，也就是说，最近几个小时之内不会下雨。

除了使用带浮标和不带浮标的普通鱼竿钓鱼之外，还可以乘着小船一边划船一边钓鱼。只要准备好一根大约50米长的结实的绳子，在用手拉的地方接上一段牛筋或者钢丝，再准备一条假鱼就行了。用绳子把假鱼拴住，拖在小船的后面，距离小船25～50米远。小船上要有两个人，一个人负责划船，另一个人负责拉绳子。把这条假鱼拖在水当中或水底走。一些猛鱼，如刺鱼、鲈鱼、梭鱼什么的，看到假鱼在自己头上游过去，会误以为是真鱼，就会扑过去一口吞下，于是就扯动了绳子。拉绳的人觉得有鱼上了钩，就把绳子慢慢地往回拉。利用这个办法捉到的鱼，一般都是很大的鱼。

在湖边，最适合用假鱼和长绳子钓鱼的地方有：长满灌木的又高又陡的峭壁下；杂乱地堆着许多被风刮倒的树木的深水处；芦苇和草丛附近及水面宽阔的地方。在河中，必须在水面宽阔、水深而平静的地方划船，或者沿着陡岸划船，或者必须躲开浅滩和石滩，或者在往上一点儿的地方，或者在往下一点儿的地方。利用假鱼钓鱼的时候，小船要慢慢地划，尤其是在风平浪静的时候，因为在这样的条件下，即使隔得很远，就算船桨轻轻地触一下水面，鱼也能听到声音。

捉　虾

捉虾的最好时节——5月、6月、7月、8月。

但是必须了解虾的生活习性。

小虾是虾子孵出来的。在产下来之前，虾子怀在雌虾尾巴下面的后肚中和腹足中（河虾有十只脚，最前面的是一对钳子）。一只雌虾最多怀100粒虾子，虾子在雌虾身上度过整个冬天。初夏时期，虾子裂开了，孵出跟蚂蚁一般大小的小虾。在古时候，知道虾在什么地方过冬的人，被认为是最精明的人。可现在，所有的人都知道虾是在湖岸和河岸上的小洞穴里过冬的。

在出生的头一年当中，虾要换八次甲壳，这就是它的外骨骼；成年之后，一年换一次。脱掉旧甲壳以后，虾就赤裸裸地躲在洞穴中，直到身上的新甲壳变硬了才出来。很多鱼都喜欢吃脱了甲壳的虾。

虾是一位夜游神，白天它躲在洞穴里，几乎不出来。但是，一旦感觉到有猎物出现，它就会马上从洞里蹿出来捕获猎物，连大太阳也顾不上了。这种时候，就可以看到从水底冒上来一串串的气泡，这就是虾呼出来的气。水中的一切小虫、小鱼，都是虾的食物。不过，虾最喜欢吃的是腐肉，在水底下，隔很远，它就会闻到腐肉的气味。

捉虾的人就是利用这一点，把死鱼、死蛤蟆、小块臭肉什么的当作饵食——晚上，趁虾从洞里出来，在水底觅食的时候把它捉住（只有在逃跑的时候，虾才会退着走）。

把死鱼、死蛤蟆、小块臭肉之类的饵食系在虾网上。虾网绷在两个直径30～40厘米的铁丝箍（gū）或木箍上。保证要使虾不至于刚一进网就把网内的饵食拖走。把虾网用细绳子拴在长竿的一头，人站在岸上，把虾网浸到水底下。在虾多的地方，很快就会有很多虾钻进网子里，出不来了。

还有另外一些捉虾的方法，不过都比较复杂。最简单而且收获最大的一个办法是：在浅水的地方涉水找到虾洞，然后用手捉住虾的背，把虾从洞中拖出来。当然有的时候，也会被虾钳住手指，不过这一点儿都不可怕。更何况，这个用手捉虾的办法，我们并不是向胆小的人建议的呀！

要是你随身带一口小锅、葱、姜和盐，那你当场就可以在岸上煮一锅开水，把虾连着葱、姜、盐一起放进锅里煮着吃。

在温暖的夏夜，望着满天星斗，在湖边或小河边的篝火旁煮虾吃，那可真是一件有趣的事！

集体农庄的生活

黑麦已经开花了，它长得比人还高。一只雄山鹑在麦地里面散步，好像走在树林中一样。雄山鹑带着它的雌山鹑，后面还跟着它们的孩子，看起来像些小黄球一样，滚呀滚的……原来，小山鹑已经出世了，并且从窠里跑了出来。

集体农庄的庄员们都在忙着割草。有些地方用割草机割，有些地方用镰刀割。割草机挥动着光秃秃的翅膀，慢慢地在草场上驶过。鲜嫩多汁的高高的牧草，在它后面倒了下来，一行一行，笔直笔直的，看上去非常整齐。

菜园里的畦（qí）垄上绿油油的一片。葱长高了，孩子们正在那里拔葱呢！

男孩子们和女孩子们一起去采浆（jiāng）果。这个月初，在小山冈向阳的斜坡上，那些美味可口的草莓熟了。目前正是草莓结得最多的时期。树林里的黑莓果、覆盆子也快熟了。林中的沼泽地里长满了苔藓，那儿有一包籽儿的桑叶悬钩子，从白色变成红色，又从红色变成金黄色。你喜欢吃什么样的浆果，就去采什么吧！

孩子们还想再多采一些，不过家里还有很多活儿要忙呢！得打水去把整个菜园子浇一遍，还要把菜畦里的草除掉。

集体农庄新闻

■尼·巴甫洛娃

牧草诉苦

牧草开始诉苦了。它们说，集体农庄的庄员们欺侮它们。牧草刚准备开花，有些已经开了，小穗里伸出了羽毛状的白色的柱头，沉甸甸的粉色的花儿挂在纤细的丝上。

忽然，来了一群割草的人，他们把所有的牧草齐根割了下来。现在，它们可开不了花了！只好重新生长了！

我们的森林通讯员把这件事情分析了一下。集体农庄的庄员们把割下的草晒干了。原来，他们必须为牲口贮备好冬天吃的干草。所以，集体农庄的庄员们不等草开花就把它们齐根割了下来，然后晒干。这件事做得没错。

农田里喷洒了奇妙的水

对于杂草来说，这种奇妙的水是丧命的水。这种水一喷洒到杂草身上，杂草就会死掉。

可是，对于谷物们来说，这却是活命的水。这种奇妙的水喷洒到谷物身上，谷物们依然会精神抖擞地立在那里，高高兴兴的。这种水对它们不但没有害处，还能提高它们的生活质量：把它们的敌人——杂草通通消灭掉。

太阳的牺牲品

在共青团员集体农庄中，两头小猪散步时被阳光灼伤了脊背。灼伤的地方起了一些水泡。兽医马上被请来为小猪们进行治疗。在炎热的时间，是不允许小猪出去散步的，就算和猪妈妈一起出去也不行。

避暑的人失踪了

两位女客人来到河岸集体农庄里避暑。不久前的一天，她们突然失踪了。大家找了半天，才发现她们在距离集体农庄3千米的干草垛旁。

原来，她俩迷路了。她们是这样迷路的：早上的时候，她们去河里洗澡，并记住自己是从淡蓝色的亚麻田中走过去的。午后要回家的时候，却怎么也找不到那块淡蓝色的亚麻田了，于是她俩就迷路了。

这两位女客人并不知道亚麻是早晨开花，中午的时候花儿就凋谢了，这时候，亚麻田就会从淡蓝色变成绿色。

母鸡的疗养地

今天早上，集体农庄里的母鸡都到疗养地去了，它们的这次旅行可真是走运，它们是乘汽车去的，不过还是在自己的住宅里住着。

母鸡的疗养地就在收割完的农田里。割完麦子之后，只剩下些毛茸茸的麦秆根和掉在地上的麦粒。把母鸡送到这里来疗养，就是为了不让这些麦粒白白地浪费掉。这里变成了一个暂时的母鸡村，只是暂时的。等母鸡把地上的麦粒捡干净，就立马乘上汽车，搬到新的疗养地去捡新的麦粒。

绵羊妈妈的担心

绵羊妈妈们急得团团转，因为它们的小羊就要被人带走了。不过，总不能让已经三四个月大的小羊整天跟在妈妈的身边转呀！应该让它们自立，适应独立的绵羊生活。以后，小羊们就要单独吃草了。

浆果旅行

浆果熟了。有茶藨（biāo）子、树莓（马林果）和醋栗（lì）。它们该离开国有农场和集体农庄动身去城里了。

说起走远道儿，醋栗一点儿也不害怕。它说："带我去吧！我挺得住。越早让我离开越好。现在我还没有熟透，还比较硬。"

茶藨子也说："只要包装得好一点儿，我也能走到目的地。"

不过树莓却泄了气，它说："颠簸是生活中最不幸运的事。颠呀颠的，就把我颠成一堆糨糊了！你们还是不要碰我的好，把我留在这里吧！"（用拟人化手法，让浆果自己开口说话，令读者记忆深刻。）

秩序混乱的餐厅

五一集体农庄的池塘中，有几块木牌子露在水面上，上面写着"鱼的餐厅"。每一个这种水底餐厅里面，都摆着一张有边的大桌子，但没有椅子。

每天早上，木牌周边的水，简直就像开了锅似的——鱼正在焦急地等待着吃早饭。鱼是不太守秩序的，它们你碰我撞地乱成一团。

七点钟的时候，大厨房的人乘着小船来给水底餐厅送饭菜了。有晒干的小金虫、煮马铃薯、用杂草种子做的团子，还有很多其他好吃的东西。

在这个时间点，每个餐厅里至少有 400 条鱼在吃饭，餐厅里的鱼可真多！

一位少年自然科学家讲的故事

我们的集体农庄位于一片小橡树林的旁边。以前不大有杜鹃飞进这片树林中，即使有，最多叫上一两声"不如——归去"之后便销声匿迹了。但是今年夏天，我却时常听到杜鹃的叫声。这时候，集体农庄的庄员们正好把集体农庄里的牛群赶到那片树林中去放牧。一天中午，牧童跑过来大喊道："牛发疯了！"

大家赶紧跑到树林中去看。好家伙！简直糟糕透了！真是太吓人了！母牛乱窜乱叫，用尾巴不停地抽打自己的背，胡乱地往树上撞，一不小心就会把脑袋撞破呢！不然的话，一准会把我们全都踩死！

大家赶紧把牛群赶到别的地方去。这究竟是怎么回事呢？

原来，这场大祸是毛毛虫惹出来的。一条条毛茸茸的咖啡色的大毛虫，嘀！看起来就像些小兽！它们爬满了所有的橡树。有些树枝上的树叶全被它们啃光了，变成光秃秃的。风把毛毛虫身上脱落下来的毛吹得到处飞扬，迷了牛的眼睛，牛的眼睛被刺得好痛啊！那真是太可怕了！

林中的杜鹃可真不少！我这辈子从来没见过这么多的杜鹃！除杜鹃之外，林子中还有翅膀上带着淡蓝色条纹的樱桃红色松鸦和美丽的金色带黑色条纹的黄鹂。周围所有的鸟儿都飞到我们这片橡树林中来了。

结果呢？你能想象得出来吗？所有的橡树都挺下来了。还不到一个星期，鸟儿就把所有的毛毛虫吃光了。鸟儿真是好样儿的，难道不是吗？不然的话，我们这片橡树林可就完蛋了！简直是可怕极了！

■尤 兰

打 猎

不是猎兽，也不是猎鸟

夏天打猎，不是猎兽，也不是猎鸟。与其说是打猎，还不如说是打仗。夏天的时候，人类有许多仇敌。比如说，你开辟了一个菜园子，在里面种上了蔬菜，时常浇水。可是，你能不能保护蔬菜不受到敌人的侵害呢？

在园子里，用竹竿竖个稻草人立在那儿，根本解决不了问题。稻草人能帮助你对付麻雀和其他别的鸟儿，但是效果不佳。

菜园子里有这样一伙敌人，别说是稻草人，就是带着枪的人，它们也不怕。开枪打不着它们，用木棒也捶不死它们。

只能用点儿计谋来对付它们。要把眼睛擦亮，时刻保持警惕防备着它们才行。别看它们个子小，可调皮捣蛋的本事，谁也比不上。

会跳的敌人

　　菜园子里的蔬菜上出现了一种小黑甲虫，它们的脊背上有两道白色条纹。它们像跳蚤一样在菜叶子上一跳一跳的。大事不好了，菜园子要遭殃了。

　　跳甲是菜园子里十分可怕的敌人。尤其是萝卜、芜菁（wújīng）、甘蓝和冬油菜，最怕这种跳甲了。两三天的时间，它们就能毁掉几公顷大的菜园子。还没长好的嫩菜叶子被它们咬得七孔八洞，有的叶子被它们啃成了花边状。于是，这片菜园子就算是完蛋了！

消灭跳甲

　　一场消灭跳甲的战斗开始了……得事先准备好武器——系着小旗子的长矛，小旗子的两面涂上厚厚的胶水，只剩下面的一条边儿，大约 7 厘米宽不用涂胶水。

　　带上这种武器到菜园子里去，在菜畦间来回地走着，在蔬菜上面挥动着小旗子，只让那条没有涂胶水的边儿碰到蔬菜。

　　当跳甲往上跳的时候，就会被胶水粘住。但是，这还不能算是取得了胜利。敌人的大批主力军，还会向菜园发起进攻的。

　　第二天早上，趁草上的露水还没干的时候，就得起床，用细筛子把炉灰、熟石灰或者烟末撒在蔬菜上面。在集体农庄大面积的农田里，这项工作是通过飞机来完成的，而不需要用人力来做。

这些东西不仅对青菜没有害处，还能驱除菜园里顽固的敌人——跳甲。

会飞的敌人

比跳甲更可怕的是蛾蝶。它们偷偷摸摸地把卵产在菜叶上。卵变成青虫之后，就会啃菜茎和菜叶。

白天出现的最有害的蛾蝶有：大菜粉蝶——这种蝶特别大，白色翅膀上有黑色斑点；萝卜粉蝶——颜色跟大菜粉蝶差不多，只是个头小一点儿。夜间出现的有：甘蓝螟（míng）——它的身子很小，前半部分的身子黄得像赭（zhě）石，翅膀往下垂；甘蓝夜蛾——棕灰色的毛茸茸的蛾子；菜蛾——一种浅灰色的小蛾子，样子看起来很像织网夜蛾。

跟蛾蝶作战，只需动手，不用带任何武器：只要找到它们的卵，用手把卵捏碎就行了。还有一个办法：像消灭跳甲那样，往蔬菜上面撒一些炉灰、熟石灰或者烟末。

还有一种敌人，比上面提到的那些敌人还要可怕，那就是蚊子。它们直接攻击人类。

在不流动的死水中，有很多身上毛茸茸的小软体虫游来游去，还有很多小得几乎看不见的小蛹，头大得跟身子不相称，头上还生着小角。

这就是蚊子的幼虫——孑孓（jiéjué）和蚊子的蛹。在这个沼泽中，还有蚊子的卵，有些附在沼泽里的草上，有些粘在一起，像小船一样浮在水面上。

两种蚊子

有两种不一样的蚊子。一种只是普通的蚊子，人被它叮一下，只感到有点儿痛，起个红疙瘩，并不可怕。还有另一种蚊子，人被它叮一下，就会患"沼泽热"。科学家把这种病叫作疟疾。得了疟疾的人，一会儿热得要命，一会儿又冷得要死。感觉冷的时候，冷得直打哆嗦。好个一天两天之后又会发起恶寒恶热来。

这种蚊子就是疟蚊。

两种蚊子的外表看起来很像，只是在雌疟蚊的吸吻旁边还有一对触须。雌疟蚊的吸吻上带着病菌。疟蚊在叮人的时候，病菌就会进入人的血液里去，人的血球就会被破坏。

所以人就生病了。

科学家是用倍数很大的显微镜，对疟蚊的血液进行研究后，才明白了这个道理。

扑灭蚊子

只靠用手打，是不可能把所有的蚊子都消灭掉的。

当蚊子还是住在水中的子孑时，科学家跟它们的斗争就已经开始了。

请你找一个玻璃瓶,从沼泽里装一瓶有孑孓的水,再往这瓶水里滴一滴煤油,看看会发生什么情况。煤油会在水里散开来,孑孓开始不停地扭动着身子,像一条条小蛇一样。大脑袋的蛹一会儿沉到了瓶底,一会儿又迅速地上升。

孑孓用尾巴,蛹用小角,想把那一层煤油薄膜冲破。

煤油把整个水面封住了,没留下一点儿缝隙,孑孓无法呼吸。于是所有的孑孓和蛹都被闷死了。人就是用这个办法消灭蚊子的。当然,还有许多其他的办法。

沼泽地带的人们被蚊子骚扰得不得安宁,所以,人们就往死水中倒煤油。

一个月往死水中倒一次煤油,就足以让那个水坑里的蚊子断子绝孙了。

稀奇事

我们这儿发生了一件稀奇事。

一个牧童从林边的牧场上跑回来,大嚷着:"野兽把小牛咬死了!"

集体农庄的庄员们都惊叫起来,挤奶女工们甚至都哭了起来。

被咬死的那头小牛,是我们这里最好的,在展览会上还获过奖呢。

大家把手边的活儿一扔,纷纷往林边的牧场上跑去。

　　只见在树林边上，牧场上的一个僻静的角落里，那头小牛躺在那里，已经死了。它的乳房被咬掉了，靠近后颈的地方也被咬破了，别的地方倒没有什么伤痕。

　　"准是熊咬的，熊总是这样，咬死丢下就走了，等肉腐烂了它再来吃。"猎人谢尔盖说道。

　　"没错，一定是熊咬的。"猎人安德烈说，"没有什么可争论的。"

　　"大伙儿散一散吧！"谢尔盖说，"咱们在这棵树上搭个棚儿。熊今儿个夜里不来，说不准明儿个夜里就会来了。"

　　说到这里，大家想起了我们这儿的另外一个猎人——塞索伊奇。他个子小，挤在人群中不起眼。

　　"咱们一块儿守候，行不行？"谢尔盖和安德烈问道。

　　塞索伊奇一声不吭。他转过身走到一边，仔细察看地上的痕迹。

　　"不对，熊不可能到这里来的。"他说。

　　"随便你怎么想吧！"谢尔盖和安德烈耸了耸肩膀说。

　　集体农庄的庄员们都散了，塞索伊奇也离开了。

　　谢尔盖和安德烈砍了些树条，在附近的松树上面搭了个棚儿。

　　这时候，塞索伊奇带着猎枪和他的猎狗——小霞来了。

　　他把小牛的周边又仔细察看了一番，不知道什么原因，他把那儿的几棵树也察看了一下。

　　后来，他就到树林中去了。

　　那天夜晚，谢尔盖和安德烈躲藏在棚子里守候着。

守候了一整夜，也没守候到任何野兽。

又守候了一整夜，还是没有守候到。

第三天夜晚，野兽依然没有出现。

两个猎人没有耐心了，就这样聊开了："可能有些什么线索，我们没有注意到，不过塞索伊奇注意到了。他说得不错，熊不会来呀！"

"我们去问问他，好不好啊？"

"问那只熊吗？"

"问什么那只熊呀！问塞索伊奇去。"

"好吧，除了去问他，也没有什么其他的办法了。"

谢尔盖和安德烈去找塞索伊奇的时候，塞索伊奇刚从树林里回来。

塞索伊奇把一个大口袋放下，就开始擦他的枪。

谢尔盖和安德烈开口了："你说的没错，熊果然没有出现。这到底是什么原因呢？我们倒想向你请教请教。"

"你们听没听说过这种事情，熊把牛咬死，啃去乳房之后，把牛肉丢下不吃？"塞索伊奇反问他们。

两个猎人哑口无言，面面相觑（你看我，我看你，形容大家因惊惧或不知所措而互相望着，都不说话。觑，qù）。熊确实是不会干这种胡闹事儿的。

"你们仔细察看过地上的脚印吗？"塞索伊奇又继续追问他们。

"瞧倒是瞧过。脚印特别大，差不多有 20 厘米宽。"

"脚爪也很大吗？"

这一次把两个猎人都问住了。

"脚爪印，我们倒是没看到。"

"对呀！要是熊的脚印，一眼就可以看到脚爪印。现在，倒要请你们说说，哪一种野兽走路的时候把脚爪缩起来？"

"狼！"谢尔盖脱口而出，连想都不想。

塞索伊奇哼了一声："好一个会辨别野兽脚印的猎人！"

"别瞎扯了！"安德烈说，"狼的脚印跟狗的脚印差不多，只是稍大一点儿，窄长一点儿。那一定是猞猁，猞猁走路的时候才会把爪子缩起来，它的脚印才是圆圆的。"

"是啊！咬死小牛的正是猞猁。"塞索伊奇说。

"你是在开玩笑吧？"

"不信的话，你们看看背包里的东西。"

谢尔盖和安德烈连忙跑到背包前，把背包打开一看，里面装着一张红褐色带有斑点的大猞猁皮。

这样说来，咬死我们小牛的凶手就是猞猁！至于塞索伊奇是如何在树林里追上了猞猁，又如何把它打死的——这恐怕只有他自己和小霞知道。他们知道，可是只字不提，不想讲给别人听。

猞猁会把牛咬死——这种事是很稀奇的。可偏偏我们这里就发生了这么一件稀奇的事儿。

东西南北

无线电通报

注意！注意！

我们是列宁格勒广播电台

这里是列宁格勒《森林报》编辑部。

今天是 6 月 22 日，是夏至——北半球一年中白昼最长的一天。现在，我们正向全国各地进行一次无线电通报。

草原、苔原、海洋、密林、沙漠、山岳都请注意！

目前，正是盛夏时期，是白昼最长、黑夜最短的时候。请你们谈一下，你们那里现在是什么状况。

喂！喂！

我们是北冰洋群岛

你们说的黑夜是什么样子呀？我们已经忘记了，什么是黑暗，什么是黑夜。

我们这里白昼最长了，一天 24 小时都是白天。这样的状况差不多会持续 3 个月。太阳在天上一会儿上升，一会儿下降，根本不会落进海里。

我们这里一片光明，一直是亮堂堂的，所以地上的草长得非常快。就像童话中讲的那样，不是一天天地见长，而是每一个小时都会见长。叶子越来越茂盛了，花儿也越开越多。沼泽里到处都是苔藓。就连光秃秃的石头上，也长满了各种各样的植物。

这里是苔原

是的，我们这里没有漂亮的蜻蜓、美丽的蝴蝶、伶俐的蜥蜴、蛇和青蛙，更没有冬天躲藏到地底下、洞穴里冬眠的各种野兽。我们这儿的土地，一年四季都被冰雪封锁着，即使是在仲夏，也只有地面上的一层开冻。

成群结队的蚊子，在苔原上空嗡嗡地飞着，但是，我们这里没有著名的歼灭蚊子的飞将军——行动敏捷的蝙蝠。它们在我们这里住不惯，只能在傍晚和夜间捕捉蚊子！但是，我们这儿整个夏天都没有黄昏和黑夜，所以，就算它们能飞到这里来过夏，也是不行的呀！

在我们这里的岛屿上，野兽的种类很少。只有旅鼠（一种跟老鼠一样大小的、短尾巴的啮齿类动物）、白兔、驯鹿和北极狐。大白熊能从海里游到我们这里来，在苔原上徘徊着寻找小动物吃，那也是很难得的。

不过，我们这儿的鸟儿非常多，多得数不清！尽管在背阴的地方还有积雪，但大批的鸟儿已经飞到我们这里来了。有各种各样的飞禽，如角百灵、鹅鸰、北鹨、雪鹀等。更多的是潜鸟、鸥鸟、鹬、野鸭、雁、海鸟、管鼻鹱（hù）、模样十分滑稽的花魁鸟，还有许许多多稀奇古怪的鸟儿，说起来你也许连名字都没听说过。

我们这里到处充满叫声、喧嚣（xiāo）声和欢快的歌声。整个苔原上，就连光秃秃的岩石上也被鸟窠占据了。有些岩石上的鸟窠一个挨着一个，有成千上万个，连石头上只能容得下一个蛋的非常小的坑儿，都被鸟窠占据了，那个闹腾劲儿，简直就像个鸟市场！要是有哪只猛禽胆敢靠近

这种地方，一大群鸟儿就会腾空而起，向它扑过去。那叫声惊天动地，震耳欲聋，雨点般的鸟嘴向它啄过去——这些鸟儿绝对不允许它们的孩子受委屈。

你瞧，现在我们的苔原上多么快活呀！

你一定会问："你们那儿既然没有黑夜，那么鸟兽们什么时间休息、睡觉呢？"

它们几乎不睡觉，没有时间睡呀！打个盹儿之后，又要开始工作了：有的筑窠，有的孵蛋，有的喂孩子。它们都忙得不可开交，都有一大堆的工作要做，因为我们这儿的夏天很短呀！

等到冬天来临的时候再睡觉也不晚，冬天，可以把一年的觉睡足。

我们是中亚细亚沙漠

我们这里正好相反：现在所有的鸟兽都睡觉了。

我们这儿的阳光真毒，所有的草木都被晒枯了。我们都记不起来上次那场雨是什么时候下的了。说来也奇怪，草木怎么没有全枯死呢？

带刺儿的骆驼草大约有半米高，它的根钻进火热的土地深处，有五六米那么深，这样，它就可以吸收到地下的水分。其他的灌木和草，不长叶子，都长满了绿色的细毛，这样，它们就可以减少水分的蒸发。我们这儿沙漠中的矮树，无叶树<u>丛</u>林，一片叶子也没长，只有纤细的绿树枝。

一刮起风来，沙漠里干燥的灰沙就会被卷起，把太阳都遮住了，就像是满天乌云一样。忽然间，传来了一阵喧嚣声——唑啦唑啦的声音，这声音令人毛骨悚然（形容很害怕的样子。悚，sǒng），好像是成千上万条蛇在叫。

但这可不是蛇，而是无叶树丛林中的细树枝随风在空中摇摆，像鞭子一样地乱抽，嗖嗖地响，沙沙地动。

蛇这会儿正在睡觉。跳鼠和金花鼠最害怕的草原蚺（rán）蛇，也钻进深深的沙子里睡觉去了。

小兽们也在睡觉。细长腿的跳鼠，用土疙瘩把洞口堵了起来，这样可以避免阳光晒进洞去。它成天睡大觉，只在早上的时候，出洞来找点儿吃的。这时候，它得走多少冤枉路，才能找到一棵不枯萎的小植物呀！黄色的金花鼠呢，索性钻到地底下去了，它准备睡很长时间——睡过夏天、秋天、冬天，直到第二年春天，它才会出洞。一年，它只出来活动三个月，其余的时间都是在睡觉。

为了躲避炙热的太阳，蜘蛛、蚂蚁、蝎子、蜈蚣，它们都藏的藏，躲的躲：有的藏到石头下面；有的躲进背阴的土里面，只在夜晚才爬出来。就连爬得很慢的乌龟和行动灵活的蜥蜴，也消失不见了。

为了离水源更近一些，野兽把家搬到了沙漠的边缘上。鸟儿早已把雏鸟孵出来，带着它们远走高飞了。只有飞得快的山鹑还留在这里，它们可以飞过大约 100 千米，到最近的小河边，去喝个够，再满满地装上一嗉囊（sùnáng）水，匆匆忙忙地飞回窠里喂雏鸟。飞这么远的路程，对于它们来说，根本不算什么。不过，即便是这样，等到雏鸟学会飞之后，它们也会离开这个可怕的地方。

只有我们苏维埃人不怕沙漠。苏维埃人拥有高超的技术，在可以掘灌溉渠的地方，都掘了灌溉渠，从高山上把水引到了这里来，让毫无生机的沙漠，变成生机勃勃的牧场农田，让果木园和葡萄园也在这里茁壮成长。

沙漠里没有人居住，人的第一个大敌——风就成了那儿的主人。它会移动干燥的沙丘，掀起沙浪，把它们赶往村庄里，把房屋掩埋起来。只有我们人类才不怕风：人和水一起与植物缔结了联盟，严肃地给风划了一道界线，不准它越过。在人工灌溉的地方，树木非常茂密，像一道墙壁似的立在那里，青草也在地里扎下了无数的细根，抓住了沙子，这样一来，沙丘就不会再被移动了。

不错，沙漠的夏天跟苔原的夏天一点儿也不像。太阳出来的时候，所有的生物都进入了梦乡。夜里，漆黑一片。只有在黑夜中，那些受尽了残酷阳光折磨的脆弱生命，才能松一口气，休息一下。

喂！喂！

我们是乌苏里大森林

我们这里的森林非常特别：不像热带的密林，也不像西伯利亚的大森林。这里有枞树，有云杉，有落叶松，还有爬满了野葡萄藤和带刺的律（lü）草的阔叶树。

我们这里的野兽也不少，有驯鹿、印度羚羊、西藏黑熊和普通棕熊、猞猁狲、黑兔、棕狼、灰狼、虎和豹等。

鸟类有漂亮的野雉（zhì）和毛色素净的灰松鸦，中国白雁和苏联灰雁，普通的野鸭和栖息在树上的怪模怪样、五颜六色的鸳鸯，还有白脑袋长嘴巴的朱鹭。

白天的时候，大森林中又闷又暗。宽大的树帽好像一顶绿色的大帐篷，阳光照不进去。

我们这里，夜是黑暗的，白天也是黑暗的。

这时候，所有的鸟儿都已经产下了蛋，有的已经孵出了雏鸟。各种野兽的小崽子已经长大了，正在忙着学习猎取食物的本领。

我们是库班草原

我们的田地十分平坦，一望无际，马拉收割机和大队的收割机都在那里忙着收割。今年是个丰收年。火车已经把我们的玉蜀黍（shǔ）运到列宁格勒和莫斯科去了。

雕、游隼（sǔn）、鹰和兀鹰在收割完庄稼的田地上空不停地盘旋着。现在，它们终于可以把打劫庄稼的敌人——老鼠、田鼠、腮鼠和金花鼠好好收拾一番了。现在，从老远就可以看见这些小兽从洞里往外探头。

在庄稼收割之前，这些有害的小兽偷吃了我们多少麦穗呀！想想都觉得可怕！

现在，它们正在搜刮丢在田里的麦粒，想要把地下粮仓装满，它们正在贮存冬粮。野兽们也没有落在猛禽后面：狐狸正在收割后的田地里捕捉各种鼠类；白色的草原鸡貂对我们更有益——它把一切啮齿动物视为仇敌，毫不留情地消灭它们。

我们是阿尔泰山脉

在低洼的盆地上，又潮湿，又闷热。早晨，在夏天的炎阳下，露水一会儿就蒸发掉了。晚上，草场的上空弥漫着浓雾。水蒸气上升，使山坡变得潮湿，冷却后凝结成云，在山顶上空飘浮着。你瞧着吧，天亮之前，山顶上空总是被云雾缭绕着。

白天艳阳高照，水蒸气变成了水滴，接着乌云密布，开始下起了雨。

山上的积雪不停地消融。只在那些最高的山峰上，冰雪封锁着，一年到头都不开冻。那里有大片的冰河、冰原。在那很高很高的地方，实在是太冷了，就连中午的阳光也无法融化那里的冰雪。

不过，在这些山顶下面，一股股雪水和雨水流淌着，汇合成一条条山溪，沿着山坡滚滚而下，又从岩石上一泻而下，就成了瀑布。这水一直流入下面的江河中。河里的水实在是太多了，于是就暴涨起来，漫过了河岸，在盆地上泛滥。

我们这里的山上真是应有尽有：下面的山坡是大森林，绿树成荫；往上是肥沃的高原草场，这是一种很特别的高山草原；再往上是一片地衣和苔藓，好像和遥远严寒的苔原一样；而山顶上，那里常年冰天雪地，永远是冬天，就像北极一样。

在那极高的地方，没有走兽穴居，也没有飞禽栖息。只有强悍的兀鹰和雕，偶尔会飞到那里去，用锐利的眼睛从云端朝下望，搜寻着它们的猎物。但是，山顶以下，就好似一座有很多层的大厦一样，许许多多形形色色的居民住在那里。它们各自占据着一层，谁该住在哪一层，就住在哪一层。

最高的一层是光溜溜的岩石，雄野山羊攀登到那里住下了。住在下面那一层的，是雌野山羊和小野山羊，还有像雌火鸡一样大小的山鹑。

在那片肥沃的高山草场上，住着一群长着直溜溜犄角的山绵羊——羱羊，它们在那里吃草。雪豹也跟到那里去猎取它们。那里既是鸣禽聚集的地方，也是肥壮的旱獭（tǎ）聚集的地方。再往下就是大森林了，森林中有松鸡、雷鸟、熊、鹿等。

从前，只能在盆地里播种麦子。现在，我们的耕地逐渐扩展到山上了。在那么高的地方，不是用马来耕地，而是用高山上的牦（máo）牛——一种长毛牛来耕地。我们耗费了很多的劳力，希望从土地上获得最大的丰收。我们一定会实现这个愿望的！

喂！喂！

我们是海洋

我们伟大的国土，有三面临着一望无际的海洋：西边是大西洋，东边是太平洋，北边是北冰洋。

我们从列宁格勒乘轮船出发，穿过芬兰湾，横渡波罗的海，到达大西洋。在大西洋上，我们经常可以碰到外国的船只——英国船、丹麦船、挪威船、瑞典船——有邮船，有商船，还有渔船。在这里，渔船可以捕捞鳘（mǐn）鱼和鲱鱼。

我们从大西洋来到北冰洋，沿着欧、亚两洲的海岸，有一条北方航路。这里是我们的领海；这条航路是勇敢的俄罗斯航海家开辟的。这儿到处都被厚厚的冰雪封锁着，随时有丢掉性命的危险，所以，从前人们以为这条路是无法打通的。可是现在，力大无穷的破冰船在前面开道，我们的船长引领着一队队的船只，沿着这条航路航行。

在这些杳无人烟（偏远，无人居住。杳，yǎo）的地方，我们看到了很多奇迹。最初，经过大西洋的赤道暖流时，我们碰到了漂浮着的冰山，在太阳的照耀下，它们闪烁着耀眼的光芒，晃得人睁不开眼睛。在那里，我们捉到了许多海星和鲨鱼。

再往前走，这股暖流向北流去，流向北极。在那里，我们开始看到大面积的冰原，在水面上慢慢地浮动着，一会儿分裂，一会儿合并。我们的飞机在上空负责侦察，随时通知船只：冰原中，什么地方可以畅行无阻。

在北冰洋的很多岛屿上，我们看到了成千上万的大雁，这时候，它们正在脱毛。它们翅膀上的硬翎（líng）脱落了，软弱无力，飞不起来。只要围成一圈，就可以把它们赶进网里了。我们看到了长着獠（liáo）牙的大海象，它们从水中钻出来，正在大冰块上趴着休息。我们还看到了各种各样稀奇古怪的海豹。还有一种头上长着大皮囊的大海兔。它们一鼓气，就会把气囊吹鼓，看起来好像戴着一顶钢盔！我们还看到了很多可怕的逆戟（jǐ）鲸，它们长着大牙，行动快如飞，猎食着鲸和鲸崽子。

不过，咱们还是下次再谈关于鲸的事吧！等我们到了太平洋再谈，那里的鲸更多！

现在，再见吧！
我们的夏季全国各地无线电通报，到此结束了！
下一次的广播，将在 9 月 22 日举行。

打靶场

第四次竞赛

1. 从日历上看，夏天是从哪一天开始的？这一天有什么特点呢？

2. 哪种野兽在灌木丛和草丛中做窠？

3. 哪种鱼会做窠？

4. 哪种鸟儿不会做窠，就把蛋下到沙地上、洼洼里？

5. 蝌蚪先长后脚，还是先长前脚？

6. 一般棘鱼身上的刺长在哪里，共有几根？

7. 为什么不能用手掏鸟窠里的蛋？

8. 短尾的金腰燕做的窠跟尾巴像叉子似的家燕做的窠，从外表上看有什么区别？

9. 晚上，你到树林中去，用玻璃杯把一只放光的雌萤火虫罩住。它的亮光就会把雄萤火虫给引过来。请你仔细观察一下，雄萤火虫有翅膀吗？

10. 为什么燕雀、篱莺等在树枝之间做的窠，很难被人发现？

11. 哪一种鸟儿在窠里铺上细鱼刺当床垫子？

12. 所有的鸟儿在夏季里是不是都只孵一次雏鸟？

13. 哪一种生物在水底下用空气给自己建造房子？

14. 在我们这儿，有没有捕食生物的植物？

15. 哪种动物的孩子还没有出世，就交给别人抚养了？

16. 一只老鹰，个头真不小，飞得远，升得高，张开翅膀，遮住太阳。（谜语）

17. 一串一串的珠宝，挂在树梢，没有它，我们的肚子就吃不饱。（谜语）

18. 倒下去的是一棵棵，堆起来的是一座座。（谜语）

19. 一屈一蹦，一声咕咚，只见水花，不见踪影。（谜语）

20. 只见拔草，不见打草鞋。（谜语）

21. 推也推不开，抬也抬不起来，时间一到，自己就逃跑。（谜语）

22. 不是裁缝，不做衣裳，可总是把针带在身上。（谜语）

23. 没有舌头会说话，没有身体却活着；谁都能听见它的声音，可是谁都没见过它的模样。（谜语）

成长启示

作者的观察多么细致！他把动物们的窠描写得那么仔细，把植物的形态刻画得那么生动，让我们无可挑剔！在生活中，我们应该善于观察、善于思考，这样，知识才会越来越丰富，生活才会越来越精彩。

好词收藏

小巧玲珑　　溜之大吉　　心神不宁　　出其不意　　莫名其妙
惶恐不安　　大祸临头　　与众不同　　狼吞虎咽　　迫不及待
不计其数　　无精打采　　销声匿迹　　面面相觑　　毛骨悚然

森林报

5

雏鸟出世月（夏季第二个月）

导读　好丰富的动植物世界，好神奇的大自然呀！接下来，让我们跟随作者的脚步，去听、去看、去感受动植物世界中更多的奇迹吧！

一年——分为12个月的太阳诗篇

7月——夏季不知疲惫地在整顿着世界，它要求稞麦深深地鞠躬，把头低到地上。燕麦已经穿上了长衫，荞麦却连衬衣都没有！

绿色的植物利用阳光给自己强壮身体。小麦和稞麦成熟了，一眼望过去，就像一片金黄色的海洋。我们把麦子贮藏起来，够我们吃一年的。我们也为牲口贮藏了干草——一片片青草已经被连根割掉，堆成了一座又一座的干草垛。

鸟儿变得沉默起来：现在它们谁都顾不上唱歌了。它们的窠里都已经有了雏鸟。雏鸟刚出世的时候，眼睛是闭着的，身上光秃秃的，没有长毛，很长一段时间都需要父母的照顾。现在，水里、地上、林里，甚至空中，都有雏鸟的食物，大家可以吃个够！

森林中到处是小巧玲珑、鲜嫩多汁的果实，像黑莓、草莓、醋栗和大覆盆子。北方，有金黄色的桑叶悬钩子；南方，果园里有杨梅、樱桃和甜樱桃。草场脱下了金黄色的衣服，换上了点缀着野菊花的衣服——雪白的花瓣反射着炙热的太阳光。现在，跟光明之神——太阳，可是开不得玩笑的，它的爱抚会把被爱抚者烧伤呢！

林中大事记

森林中的小孩子

在罗蒙诺索夫城外的大森林中，住着一只年轻的雌驼鹿。今年，它生下了一只小驼鹿。

这片森林中，还住着一只白尾巴的雕。它的窠里还有两只小雕。

鸦鸟、黄雀、燕雀——分别孵出了 5 只雏鸟。

灰山鹑孵出了 20 只雏鸟。

长尾巴山雀孵出了 12 只雏鸟。

在棘鱼的窠里差不多有 100 颗鱼子，每一颗鱼子可以孵化出一条小棘鱼。一个窠里就会有差不多 100 条小棘鱼呢！

一条鳊鱼，孵出的小鳊鱼有几十万条。

而一条鳖鱼呢，它孵出的小鳖鱼多得数也数不清——有几百万条吧！

没有妈妈照顾的孩子

鳊鱼和鳖鱼一点儿也不管它们的孩子。它们把鱼子产下后，就游走了。至于小鱼如何孵化出来，如何过日子，如何寻找食物，都得靠它们自己。要是你有几十万或者几百万个孩子，除了这样，你还能怎么办呢？反正是不可能照顾得过来的！

一只青蛙可以孵出 1000 个孩子，它也不会管自己的孩子！

当然了，没有父母的照顾，孩子们的日子很难过。水底下有很多贪吃的坏蛋，它们都喜欢吃美味的鱼子和鲜嫩的小鱼、青蛙卵和小蛙。

在小鱼变成大鱼、蝌蚪变成青蛙之前，它们会遇到很多危险！它们当中有很多都会被吃掉，想到这些，真是让人不寒而栗（因恐惧而全身发抖）！

细心照顾孩子的妈妈

不过，驼鹿妈妈和所有鸟儿的妈妈，都会把自己的孩子照顾得无微不至。

为了小驼鹿这个独生子，驼鹿妈妈随时准备着牺牲自己的性命。就算是大熊想攻击小驼鹿，驼鹿妈妈也一定会前后蹄一起乱踢起来。这一顿蹄子，可够熊大爷受了，它下一次再也不敢靠近小驼鹿了。

我们的通讯员，在田野里遇到一只小山鹑，它从他们的脚边跳出来，一蹿，蹿进草丛中躲了起来。我们的通讯员把这只小山鹑捉住了。小山鹑啾啾啾地大叫起来。忽然，山鹑妈妈不知从哪儿跑了出来。看到自己的孩子被人家捉住了，就咕咕咕地叫个不停，向我们的通讯员扑了过来，然后，它摔在了地上，耷拉着翅膀。

我们的通讯员以为它受了伤，就把小山鹑放下去追它。

山鹑妈妈一瘸一拐地走着，眼看着伸手就可以捉到了。可是一伸手，它就闪到了一边，就这么追呀追的，突然，山鹑妈妈扑了扑翅膀，从地上飞了起来，它竟然安然无恙！

通讯员这才转过头来找小山鹑，谁知道连小山鹑影子也看不见了。原来，山鹑妈妈故意装受伤，把我们的通讯员从小山鹑的身边引开，好把它救出来。对于自己的孩子，山鹑妈妈一个个都照顾得那么好——那是因为孩子数量不多，只有 20 个呀！

鸟儿的劳动日

天刚一亮，鸟儿就起飞了。

椋鸟每天的劳动时间是 17 个小时，家燕每天的劳动时间是 18 个小时，雨燕每天的劳动时间是 19 个小时，鸫鸟每天的劳动时间超过 20 个小时。

我核对过了，确实是这样。

它们每天不得不劳动那么长时间啊！

一只雨燕给雏鸟送食物，每天至少要飞回窠里 30~35 次，才能把雏鸟喂饱。椋鸟每天至少要给雏鸟送 200 次左右饭，家燕每天至少要送 300 次饭，朗鹟（wēng）每天要送 450 多次饭呢！

一个夏天，它们消灭的对森林有害的幼虫和昆虫，真是多得不计其数！

它们的确是在不停地劳动着！

■森林通讯员　尼·斯拉德科夫

鸮鹑和沙锥孵出的雏鸟是什么样的

小鸮鹑（tíjiān）刚刚出世时，它的嘴巴上有个小白疙瘩，这是"凿壳齿"。从蛋壳里钻出来的时候，小鸮鹑就是用这个"凿壳齿"把蛋壳凿破的。

鸮鹑是很残忍的猛禽，它长大之后，就连啮齿动物看见它，也会胆战心惊的。

可是，这会儿它还是个小不点儿，它的眼睛是半闭的，一身的绒毛，模样十分滑稽！

它是那样娇气、软弱，整天跟在爸爸妈妈的身边，寸步不离。爸爸妈妈要是不喂它东西吃，它就会活活饿死。

在雏鸟当中，也有蛮不讲理的小东西——它们一从蛋壳里钻出来，就马上跳起身子，站得稳稳的；它们自己会找东西吃；它们不怕水，也不害怕敌人，敌人出现的时候，它们自己会躲起来。

瞧瞧这两只小沙锥，它们刚出蛋壳一天，就离开了窠，开始自己找蚯蚓吃了！

沙锥之所以下那么大的蛋，就是为了让小沙锥在蛋壳里长得更壮更大一点儿。

我们刚才提到过的小山鹑，也是非常蛮横的。它刚一出壳，就开始撒开腿拼命地跑。

另外，还有小野鸭，也就是秋沙鸭。

它刚一出世，马上就一瘸一拐地走到小河边，扑通一声跳进水中，游起来了。它潜入水中，在水面上伸懒腰，欠身，什么都会，简直就像大野鸭一样。

旋木雀的孩子娇气得很。它待在窠里整整两个星期了，现在才敢从窠里飞出来，在树墩上蹲着。

你看它那不满的神情——原来，它妈妈半天没来喂它了，它心里正不舒服呢！

它出世已经快 3 个星期了，可还是啾啾啾地叫个不停，让妈妈喂，让妈妈往它嘴里塞青虫和其他好吃的东西。

岛上的殖民地

在一个岛的沙滩上，住着很多小海鸥，它们是在那里避暑的。

晚上，它们就在小沙坑里睡觉，一个小沙坑里可以睡 3 只海鸥。沙滩上全都是小沙坑——那里简直变成了海鸥的殖民地！

白天，大海鸥带领着小海鸥们，教它们飞行、游水和捉鱼。

大海鸥一边教孩子们本领，一边保护它们，随时随地都小心翼翼的。

如果敌人胆敢靠近，它们就成群结队地飞起来，大叫着一齐扑向敌人。这个势头，谁见了不会害怕呢！

就连海上硕大无比的白尾巴雕，也会落荒而逃的。

雌雄颠倒

我们全国各地都有人来信告诉我们说，他们发现了一种稀奇的小鸟。这个月里，在阿尔泰山上，在莫斯科附近，在波罗的海上，在卡马河畔，在卡查赫斯坦，在亚库梯，都有人看到过这种鸟儿。这种鸟儿既可爱，又漂亮，就像年轻的钓鱼爱好者们在城里买的那种光彩夺目的浮标。它们非常信任人类，即使你走到距离它们只有 5 步远的地方，它们也一点儿都不害怕，依然在你面前，在近岸的地方游来游去。

现在，其他的鸟儿都待在窠里孵化雏鸟，或者在哺育雏鸟。而这种鸟儿，却在成群结队地周游全国。

奇怪的是，这些毛色艳丽的小鸟，全都是雌的。其他的鸟儿，都是雄的毛色比雌的鲜明漂亮，而这种鸟儿却恰恰相反——雄鸟的毛色灰不溜丢的，雌鸟却是花花绿绿的，非常漂亮。

更奇怪的是：这种雌鸟一点儿也不管自己的孩子。在遥远的北方苔原上，雌鸟把蛋下到小沙坑里之后，就飞走了！而雄鸟留在那里负责孵蛋、哺育雏鸟、保护雏鸟。

简直就是雌雄颠倒！

这种小鸟是鹬的一种，它的名字叫鳍鹬。

不管在什么地方，都能看到鹬：它们今天在这里出现，明天又会在别处出现。

可怕的雏鸟

娇小、柔弱的鹡鸰妈妈，在窠里孵出了 6 只雏鸟，它们全都光着身子。其中 5 只雏鸟都挺像样的。可第 6 只却长得很丑——一个大脑袋，两只凸出的眼睛，眼皮耷拉着，浑身上下一张粗皮，青筋暴露。看到它那一张嘴，保管你会吓得后退三步——这哪儿是鸟嘴呀！简直就是野兽的血盆大口！

出世的第一天，它安安静静地在窠里躺着。只在它的妈妈衔了食物飞回来的时候，它才会吃力地抬起那沉甸甸的胖脑袋，张开大嘴巴，好像在说："喂我吧！"

第二天早上，冒着凉飕(sōu)飕的晨风，鹡鸰爸爸和鹡鸰妈妈一起飞出去寻食了。这时候，丑八怪开始骨碌骨碌地动了起来。它把头低下去，抵住窠底，把两腿叉开，开始往后退。

　　它的屁股撞到了它的小兄弟，它就开始把屁股朝那个小兄弟的身底下塞，然后又把光秃秃的弯翅膀向后甩。接下来，它的弯翅膀像钳子一样把那个小兄弟夹起来，然后它把那个小兄弟掮（qián，用肩扛）在背上，一直往后退，一直退到窠的边缘。

　　那个小兄弟个子小，眼睛瞎，身体又弱，在它那脊梁根的洼洼里不停地摇晃着，好像在汤匙子里晃着似的。那只丑八怪靠着两脚和脑袋撑住窠底，把背上的小兄弟一直往上抬，越抬越高，一直抬到跟窠边一样高。

　　那时候，丑八怪屁股猛地一掀，浑身一使劲，就把那个小兄弟顶到了窠外。

　　鹡鸰的窠是建在河边的悬崖边上的。

　　那个小不点儿——光溜溜的小鹡鸰真是太可怜了，扑通一声，它摔到了石头上，摔了个稀巴烂。

　　不过，凶恶的丑八怪也差一点儿从窠里掉下去，它的身子在窠边摇摇晃晃的，结果幸亏它的胖脑袋瓜儿沉，才总算把身子重新坠回窠里去。

　　这可怕的场面，从开始到结束，仅仅花了两三分钟的时间。

　　丑八怪筋疲力尽，它一动不动地躺在窠里，大概有一刻钟的时间。

　　鹡鸰爸爸和鹡鸰妈妈衔着食物飞回来了。丑八怪伸着青筋暴露的脖子，迷迷糊糊地抬起了沉甸甸的大脑袋，耷拉着眼皮，若无其事地张开嘴，尖声地叫起来，好像在说：

"快喂我吧！"

丑八怪吃饱了，休息够了，又开始修理第二个小兄弟。

这一次，可没那么容易：这个小兄弟不停地挣扎着，从丑八怪的背上滚下来了好几次。不过，丑八怪才不会让步呢！

5天之后，等丑八怪睁开眼睛的时候，它看到只有自己在窠里躺着。它的5个小兄弟都被它扔出窠摔死了。

12天过去了，那只丑八怪才长出羽毛。真相终于大白了：鹡鸰夫妻俩真是倒霉透顶——原来，它们抚养大的并不是自己的孩子，而是一只被杜鹃丢弃的孩子。

但是小杜鹃叫得非常可怜，活像它们那些死去的孩子。它不停地抖动着翅膀，动人地叫着，张开嘴巴要东西吃。那纤小、善良的老两口怎么忍心拒绝它，看着它被活活饿死呢？

鹡鸰老两口的日子过得很苦，整天忙忙碌碌的，连自己的肚子都顾不上填饱，从日出到日落，一直忙个不停，只是为了让养子小杜鹃吃到肥美的青虫。它们衔着虫儿，把整个脑袋都伸进小杜鹃的血盆大口中，才能把食物塞进那无底洞似的、贪得无厌的大喉咙中去。

它们一直忙到秋天，小杜鹃终于长大了。小杜鹃长大之后就飞走了，一辈子也没回来看望它的养父养母。

小熊洗澡

有一天，我们的一位猎人朋友正沿着林中小河的岸边走着，忽然，听到一阵惊天动地的响声，咔啦咔啦的，就像是树枝折断的声音。他被吓了一跳，急忙爬到树上。

一只棕色的大母熊从丛林中走了出来，它的身后跟着两只活蹦乱跳的小熊。另外，还有一只一岁大的熊小伙子，它准是熊妈妈的大儿子，现在俨然已经成为两个小熊的保姆了。

熊妈妈在河岸边坐了下来。

熊小伙子咬住其中一只小熊颈后的皮，把它叼起来，往河水里浸。

小熊尖声大叫起来，四只脚开始乱蹬。不过熊小伙子依旧紧咬着不放，直到把它浸在水中，洗得干干净净，才肯罢休。

另外一只小熊害怕洗冷水澡，就偷偷地溜进树林中去了。

熊小伙子赶紧追上去，给了它几巴掌，然后照样叼起它，把它浸在水里洗澡。

洗着，洗着，忽然，熊小伙子一不小心，把小熊掉在水中了。小熊尖叫起来！熊妈妈赶紧跳入水中，把小熊拖到了岸上，然后狠狠地打了熊小伙子几个耳光，小熊疼得开始干号起来，多么可怜的家伙呀！

两只小熊上岸之后，倒是感觉洗完澡挺痛快的：它们在火盆一般的天气中，穿着那么厚的皮大衣，正热得要命呢！洗了这么一个冷水澡，它们就舒服多了。

洗完澡之后，熊妈妈带着孩子们回到树林中去了。这时，猎人才从树上爬下来，回家去了。

浆　果

很多种浆果都已经熟了。人们正在果园里采摘红醋栗、黑醋栗、酸栗和树莓。

树莓是一种<u>丛生</u>的灌木，在树林中可以找到它。它的茎很脆，要是你从一片树莓间走过去，免不了会碰断它的茎。那时候，你就会听到脚底下噼里啪啦的一阵响。不过，这样并不会危害到树莓。现在，长着浆果的这些茎，一到冬天就会死去。看，这是它们的下一代——无数鲜嫩的地上茎从土里钻出来了。它们毛茸茸的，长着很多细刺儿。明年夏天一到，它们就会开花、结果了。

在灌木林、草墩旁边及伐木场的树墩旁边，越橘要成熟了，浆果已经红了一半。

越橘也是一种小灌木，浆果成堆地长在茎梢上。几棵越橘上一串一串的浆果又大又多，沉甸甸的，把茎都坠得弯了下来，躺到苔藓上去了。

很想挖出这样一棵小灌木来，把它移植到自己的家中，培育一下，看浆果能不能变得大一些。可要是不让它自由自在地生长，那就不会成功。越橘的确是一种特别可爱的浆果，一个冬天都不会腐烂。吃的时候，只要把它捣碎或者用开水一冲，浆液就会出来。

这种浆果为什么不会腐烂呢? 因为它有个防腐的好方法——它含有氨基酸。氨基酸是一种可以防止浆果腐烂的物质。

■尼·巴甫洛娃

被猫奶大的兔子

今年春天，我们家的猫生了几只小猫，后来，小猫全都送人了。就在这一天，我们正好在树林中捉到一只小兔子。

我们把这只小兔子放在老猫的身边。老猫的奶水正多着呢，所以它很愿意哺育小兔子。

这样一来，小兔子吃着老猫的奶，渐渐地长大了。它俩十分要好，连睡觉的时候也总在一起。

最让人可笑的是：老猫教会了小兔子跟狗打架。只要有狗跑到我们的院子里来，猫马上就会扑过去，拼命地乱抓。小兔子也会跟在它后面，举起两只前脚擂鼓似的向狗的身上打去，打得狗毛乱飞。附近的狗都很害怕我们家的老猫和它的养子——小兔子。

小转脖鸟的把戏

我们家的老猫发现树上有一个洞，就觉得那一定是鸟窠。它想吃小鸟，于是就爬上树，把头伸进洞里，只看见洞底有几条小蝰蛇在蜷曲着，蠕动着。好家伙！还不停地发出嗞嗞嗞的蛇叫声呢！猫儿被吓破了胆儿，从树上蹦下来，撒腿就跑！

其实那个洞里根本没有什么蝰蛇，而是转脖鸟的雏鸟。它们把脖子扭来扭去，脑袋转来转去，看起来就好像是蛇在那儿蜷曲、蠕动。这不过是转脖鸟用来防御敌人的一种小把戏而已。同时，它们还会发出像蝰蛇一样的咝咝咝的声音。谁都害怕有毒的蝰蛇呀！所以，小转脖鸟才假装是蝰蛇，好吓唬敌人，保护自己。

当面瞒过

一只大鹀鹕看到一只琴鸡，身后跟着一群黄绒绒的小琴鸡。

它想：这一次，我可以饱餐一顿了。

它看准了对方，正打算从半空中扑下去，却被琴鸡觉察到了。

琴鸡大叫了一声，小琴鸡一下子都消失了。大鹀鹕左看右看——一只也没有看到，它们好像钻进了地缝里似的！没办法，它只好飞去找其他的东西吃了。

琴鸡又大叫了一声，那群黄绒绒的小琴鸡立刻在它的身边跳了起来。

它们并没有逃跑，只不过是身子紧贴着地面，躺在那儿。你试一下，从半空中如何把它们跟土块、树叶和青草区分开！

可怕的花儿

有一只蚊子从林中的沼泽地上飞过。它飞着，飞着，感觉累了，想喝点什么。它看到了一棵草——绿色的茎，茎梢上挂着白色的小钟，下面是一片片圆圆的紫红色的小叶子，在茎的周围丛生着。小叶子上长着很多毛毛，毛毛上闪烁着亮晶晶的露珠。

那只蚊子飞到一片小叶子上停了下来，伸嘴去吸露珠。哪知露珠黏黏糊糊的，蚊子的嘴被粘住了，动不了啦！

突然，所有的毛毛都开始动弹起来，像触手一样伸过来，把蚊子捉住了。小圆叶子合拢起来，把蚊子裹在了里面，看不见了。

过了一会儿，小圆叶子又张开了，蚊子的血已经被花儿吸光了，只剩下一张蚊子的空皮囊落在了地上。

这种花儿叫作毛毡苔（zhāntái），它是一种吃虫的花儿，十分可怕。它会把小虫子捉住然后吃掉。

在水底下打架

生活在水底下的小孩子，跟生活在陆地上的小孩子一样，也很喜欢打架。

两只小青蛙跳入了池塘中，看见一只怪里怪气的蝾螈（róngyuán）在里面，细长的身子，长着四条短小的腿儿，还有一个大脑袋。

"多么可笑的怪物呀！"小青蛙心想，"要跟它打一架！"

一只小青蛙咬住了大脑袋蝾螈的右前脚，另一只小青蛙咬住了它的尾巴。

　　两只小青蛙用力一拉，蝾螈的右前脚和尾巴被扯断了，可是，蝾螈仍然逃跑了。几天之后，小青蛙又在水底碰到了这只小蝾螈。现在，它可变成了一个真正的怪物——在原来右前脚的地方，长出了一条尾巴；在应该长尾巴的地方，长出了一只脚爪。

　　蜥蜴的脚断了，能重新长出一只脚来；尾巴断了，能重新长出一根尾巴来。而蝾螈在这方面的本领比蜥蜴还要大得多。只不过，有时候会长得颠三倒四——在断了肢体的地方，会长出个跟原来截然不同的东西。

欢迎水来冲

　　我想跟你们讲一种植物——景天，它的俗名是"八宝"。我特别喜欢景天这种小植物，很喜欢它那鼓鼓囊囊的、厚厚的灰绿色的小叶子。小叶子密密匝匝地长在茎上，茎都被遮得看不见了。现在，它们已经开过花了。景天的花儿非常好看，颜色鲜艳，看起来像小五角星一样。

　　这时候，景天的花儿已经凋谢了，结出了果实。果实扁扁的，也是小五角星状的，它们紧紧地关闭着。你可别认为果实关闭着，就是没有熟。晴天的时候，景天的果实会一直这样关闭着。

　　现在，只要从水洼里打点水，我就可以让它们张开。只要一滴就足够了，把这一滴水恰好滴到小星星的中间。这样我的目的就达成了：果实不再关闭了，它张开了！瞧，种子露出来了。景天的种子跟很多其他植物的种子不一样，它们不怕被水冲，相反，它们特别欢迎水来冲。再滴两滴水，种子就顺着水下来了。水把它们冲走，把它们传播到别的地方去，让它们繁衍更多的后代。

帮助景天传播种子的，不是鸟儿，不是兽，不是风，而是水。我看到过一棵景天，长在陡峭的岩石缝里。是沿着石壁往下流的雨水，把景天的种子传播到那里去的。

■尼·巴甫洛娃

小矶凫学游水

我到湖边去洗澡的时候，看到一只老矶凫正在教它的孩子们游水，教它们遇到人怎样闪躲。大矶凫像船一样漂浮在水面上，小矶凫们在潜水。小矶凫钻进水中，大矶凫就游过去四下里张望。最后，它们从芦苇旁边钻出水面，游进芦苇丛里了。于是，我便开始洗澡了。

■森林通讯员　波波夫

有趣的小果实

荷兰蛀（máng）牛儿是一种杂草，它生长在菜园子里，它的果实很有趣。这种植物本身跟漂亮一点儿也不沾边，蓬蓬松松的，看上去乱作一团。它开紫红色的花儿，再平常不过了。

现在，它的一部分花儿已经凋谢了，每个花托上都凸起个鹳（guàn）嘴一样的东西。原来，每个"鹳嘴"是五个尾部长在一起的种子，很容易分开。这就是荷兰牻牛儿大名鼎鼎的种子。它的上面有个尖儿，下面好像有条毛茸茸的尾巴。尾巴尖儿弯弯曲曲的，像把镰刀，底下扭得像根螺旋一样。（连用两处比喻，让荷兰牻牛儿的种子形象地展现在读者面前。）一受潮，这根螺旋就会变直。

我把一颗种子夹在两个手掌之间，哈上一口气。果然，它转动起来了，芒刺搔得我的手心痒痒的。可不是嘛！它拧开了，变直了。这种植物为什么要玩这样一套小把戏呢？是这样的：这种种子在脱落的时候，戳在地上，用它那镰刀似的尾巴尖儿钩住小草。天气潮湿的时候，螺旋就会绕开，它一转动，尾巴尖儿上的种子就会钻进土里去。

种子再想出来那是不可能的。因为它的芒刺是向上翘的，顶着上面的泥土，它没办法出来。

这太巧妙了！植物会把自己的种子播到土里去！

在以前没有湿度计的时候，人们就是利用荷兰牻牛儿的果实，来测量空气中的湿度。可想而知，它的小尾巴灵敏到何种程度。人们把它的种子固定在一个地方，于是，它的小尾巴就成了湿度计上的"指针"，不断地转动着，显示出空气中的湿度。

■尼·巴甫洛娃

小鸊鷉

我在河岸上走着走着,看到水面上掠过一群小飞禽,说它们是小野鸭吧,又不太像;说它们是其他的野禽吧,可它们还是更像野鸭一些。我心里想:野鸭的嘴巴应该是扁的呀!可它们的嘴巴却是尖的。它们到底是什么呢?

我急忙把衣裳脱下来,凫着水去追赶它们。它们躲开我,爬上了对岸。我急忙追了过去。眼看就要捉住了,它们却又逃回了水边。我又追过去,它们又躲开了。它们就这样引着我顺流而下。我真是累坏了,几乎上不了岸!最后,我到底还是没捉住它们。

后来,我又看到过它们好几次,可是,我再也不敢下水去捉它们。原来它们并不是小野鸭,而是鸊鷉的雏儿——小鸊鷉。

■森林通讯员 阿·库罗奇金

夏末时节的铃兰

8月5日,在小河边,我们家的花园里,种着铃兰。大科学家林内为这种5月里盛开的花儿,取了一个拉丁文的名字——"空谷百合"。我对这种花儿的爱,超过别的所有的花儿。我爱它那美妙的香气;爱它那小铃铛似的花朵,犹如白玉般洁净朴素;爱它那清凉鲜嫩的长叶子;爱它那富有弹性的绿茎。总而言之,它是那样的纯洁而富有朝气!

春天，一大早起来，我就过河去采摘铃兰花，每天都会带一束鲜花回家，养在水中。屋子里整天都洋溢着铃兰花的香气。在我们列宁格勒这一带，铃兰的花儿是在 7 月里盛开的。

这时候，正逢夏末，心爱的铃兰花给我带来了新的惊喜。

有一天，我偶然间发现，在它们大尖叶子的底下，有一种淡红色的小东西。我跪下去，拨开叶子一看，那底下是一颗颗带点椭圆形的坚硬小果实，它们是橘红色的。它们看起来像花儿一样漂亮，像是盼着我把它们做成耳环，赠送给女朋友戴呢！

■森林通讯员　维利卡

天蓝的和翠绿的

今天是 8 月 20 日，我起得非常早，透过窗户向外看，不由得发出了惊叫：天哪！青草怎么全都变成天蓝色的了！完全是一片天蓝色！草儿被浓雾压得低下了头，忽闪忽闪的。

你把白色和绿色掺和在一起试一下，会变成浅蓝色。是露珠撒在翠绿的青草上，把草儿染成了浅蓝色。

几条绿色的小径穿过浅蓝色的草地，从丛林一直通向板棚。板棚中存放着很多麦子。原来，有一窠灰山鹑，趁着人们还没起来的时候，跑到村子里偷吃麦子来了。那不就是它们吗！它们在打麦场上。淡蓝色山鹬的胸脯上有块巧克力色大斑，看起来就像是马蹄一样。它们的小嘴不停地笃（dǔ）笃笃地啄着，啄得好忙呀！趁人们醒来之前，它们得赶紧吃点儿！

再往远处望去，就在树林的边上，是燕麦田。还没收割的燕麦也是天蓝色的。一个猎人掮着枪，在那里不停地走来走去。我知道，猎人准是在那儿守候琴鸡呢！琴鸡妈妈经常带着一群小琴鸡，到燕麦田里偷吃个饱。在天蓝色燕麦田中，琴鸡跑过的地方，也是绿色的。那是因为琴鸡在燕麦田里跑过去的时候，把露水给碰掉了。那个猎人始终没开枪，琴鸡妈妈带着那一群小琴鸡，逃回树林中去了。

■森林通讯员　维利卡

请爱惜森林

要是有闪电打在枯树上，那可就坏事儿了！要是有人在森林中散步的时候，没把篝火弄灭就走了或者丢下一根没有熄灭的火柴，那样也会坏事儿的！

没有熄灭的火苗，像条细细的小蛇从篝火中爬出来，钻到苔藓或者一堆堆干枯的针叶和阔叶中去。（运用比喻，写出了火苗延伸的迅速。）它突然间又从枯叶堆中蹿出来，舔了一下灌木，然后又跑到一堆枯树枝跟前去了……

一秒钟也不能耽误——这是林火呀！在林火还没有变大、变旺的时候，你一个人就可以把它扑灭。快折断一些带叶子的活树枝，冲着火苗拼命地扑打吧！别再让它扩大，别再让它转移！让你的朋友们也快来帮忙吧！

你手边如果有铁锹或者结实的木棍，就可以挖些土，用泥土和一块块的草皮把火扑灭。

火苗如果从泥土下钻出来了，爬到树上，从一棵树向另一棵树上蹿的话，那么，这场林火就算是着起来了。立刻飞奔去找人来救火吧！赶紧把救火的警钟敲响吧！

林中大战

（续前）

我们的通讯员把帐篷搬到了第三块采伐迹地上。10 年前，伐木工人们在那儿砍伐过树木。那里现在还在白桦和白杨的统治下。

胜利者们霸占着那块土地，不允许其他的植物到那里去。每一年的春天，青草们都想从土底下钻出来，可是很快它们就会在多阴的阔叶帐篷下闷死。每隔两三年，云杉结一次种子。每次云杉结种子的时候，都会派一些新的伞兵到采伐迹地上去。可是，那些云杉种子最终都没有长成树苗，它们都在小白桦和小白杨的欺侮下死去了。

小白桦和小白杨不是一天天地见长，而是一个小时一个小时地见长。它们密密匝匝地耸立在采伐迹地上。终于感觉到拥挤了，于是，它们彼此之间开始了争吵。

每棵小树越长越大，开始排挤它的邻居。每棵小树都想在地下和地上为自己多争一点地方。整个采伐迹地上的树木你推我搡，一片混乱。

　　身体强壮的小树，它们的根更强大一些，树枝也更长一些。因此，它们比孱弱的小树长得要快。一棵强健的小树长高以后，就把它的手臂——树枝从旁边那些小树的头顶上伸过去，旁边的那些小树就会被树荫给遮住，从此，它们便再也看不到天日了。

　　最后那一批孱弱的树，也在树荫下死去了。这时候，矮小的青草好不容易才从地下钻了出来。可是，小树已经长高了，它们不再害怕青草了。就让成群的青草在脚下蠢动吧！这样一来，还可以更暖和一些呢！然而，那些胜利者们的后代——它们的种子，却落在这个既黑暗又潮湿的地窖里，窒（zhì）息而死了。

　　云杉非常有耐心，依旧每隔两三年，就派一些伞兵来到这片草木杂生的采伐迹地上。对于这些小东西，胜利者们根本不屑一顾。让它们落到地窖里忙碌去吧！它们又不能把胜利者怎么样！

　　最后，小云杉到底还是长出来了，整天活在阴暗和潮湿里，这种日子真是太难熬了！不过，它们可算从土底下钻出来了，这点儿光照还是有的。但是，它们一个个长得又细又弱。

　　可是在这里也有益处，没有风来吹袭它们，它们不会被狂风连根拔掉。暴风雨来临的时候，白桦和白杨呼呼地喘着大气，不停地弯腰。即使在这种情况下，小云杉也可以安安静静地待在地窖里。

　　那里特别暖和，食物也比较充足。在那里，小云杉可以躲避春天刺骨的早霜的侵袭和冬天严寒的侵害。那里的环境，跟光秃秃的采伐迹地上的环境可不一样！秋天的时候，白桦和白杨的叶子枯萎了，落在地上腐烂了，散发出热量，青草也会散热，需要忍受的只是地窖里一年到头的阴暗、潮湿。

小云杉跟小白桦、小白杨们不一样，不像它们那样喜爱亮光；它们忍受着阴暗，生长着，生长着。

我们的通讯员也很同情它们。后来，他们又搬到了第四块采伐迹地上。

我们正在等待他们的报道。

集体农庄的生活

庄稼熟了，该收割了。我们集体农庄里的小麦田和黑麦田，看起来像是一望无际的海洋。麦穗密密匝匝的，长得又高又壮，每一根麦穗里都有许许多多的麦粒。集体农庄的庄员们所付出的努力，真令人钦佩啊！不久后，这些麦粒将会汇成一股股金黄色的洪流，流入集体农庄的仓库，流入国家的仓库。

亚麻也熟了。集体农庄的庄员们正在田里忙着拔麻。是用拔麻机拔，拔得可快了！女庄员们紧跟在拔麻机的后面，负责捆麻，把一行行倒下来的亚麻捆成一捆一捆的。然后再把一捆捆的亚麻堆成垛，每十捆堆成一垛。不久，亚麻田里好像排列着一队队士兵似的。

山鹑只好领着全家离开秋播的黑麦田，到春播的田里去。

集体农庄的庄员们正在收割黑麦。在割麦机的钢锯下，肥硕壮实的麦穗一束束地倒了下来。庄员们把麦子捆成一捆一捆的，然后堆成垛。很多的麦垛堆在田地里，看上去好像运动会上运动员们的队列。

菜园子里的甜菜、胡萝卜和别的蔬菜都成熟了。庄员们把蔬菜运送到火车站，火车又把它们运到了城里。过些日子，城里的人们就可以尝到可口多汁的鲜黄瓜，吃到用胡萝卜做的馅饼，喝到用甜菜做的红菜汤了。

集体农庄的孩子们到树林中去采蘑菇和熟了的越橘、树莓。这些日子，各处的榛子林中，都会出现一群群的小孩。休想把他们赶出来，他们在那里采榛子，都把自己的口袋装得鼓鼓的。

这时候，大人们可没闲工夫采榛子，他们要割麦、打麻。马上就要开始播种秋播作物了，他们要用速耕小犁把所有的田都耕完，还要把翻起的泥土耙一耙。

森林的朋友

在苏德战争的时候，我们国家有很多森林都被毁掉了。现在，各处林区正在设法重新造林。中学的学生们也在帮助他们完成这项工作。

要培植新的松林，需要有好几百千克的松子。三年来，学生们收集了七吨多松子。那些孩子们还帮助整地、照料苗木、保卫森林、防止林火发生等。

■森林通讯员　查略夫

谁有谁的活儿

早上起来时天刚蒙蒙亮，集体农庄的庄员们已下地干活儿了。大人走到哪儿，孩子们也跟到哪儿。在农田里，在菜园里，在刈（yì，割）草场上，到处都有孩子们在帮助庄员们干活儿。

瞧，孩子们扛着耙子过来了。他们迅速地把干草耙成一堆，然后装到大车上，送到农庄里的干草棚中去了。

杂草也总让孩子们不得安宁：他们要经常在马铃薯田和亚麻田里除杂草——像香蒲、木贼和滨藜（bīnlí）什么的。

在拔麻的时节，拔麻机还没到亚麻地里，孩子们就率先到了。

他们把亚麻地四角上的亚麻先拔掉，这样，拖着拔麻机的拖拉机在转弯的时候就会方便一些。

收割黑麦的时候，孩子们也有自己的工作。麦子收割完之后，孩子们用耙子把掉在地上的麦穗收拾到一起。

集体农庄新闻

■尼·巴甫洛娃

　　有消息从红星集体农庄的田里传来了。禾谷作物报告中说："我们这里一切顺利，谷粒已经成熟了。不久，我们就要把它们撒在地上了。以后，你们不用再为我们担心了，甚至也不用到田里来看望我们了。离开你们，我们也可以过得很好了！"

　　集体农庄的庄员们笑了笑，说道："那可不行！怎么能不到田里去看望呢？现在可是工作最忙的时候呀！"

　　拖拉机把联合收割机拖到田地里去了。联合收割机是个多面能手，收割、脱粒、簸分全都是它的工作。联合收割机开入田里的时候，黑麦比人还要高；可是，当它从田里开出来的时候，却只剩下矮小的残株了。联合收割机把纯粹的麦粒交给了庄员们。庄员们把麦粒晒干之后，装进麻袋里，给政府运送过去。

田地变黄了

我们的通讯员曾经访问过红旗集体农庄。他发现了这个集体农庄中有两块不一样的马铃薯地。一块大一点儿，是深绿色的；另一块非常小，已经变黄了。小面积田里，马铃薯的茎叶已经变成枯黄的了，像是要死了一样。

我们的通讯员决定弄清楚这究竟是怎么一回事。后来，他寄来了以下的报道："昨天，一只公鸡跑到了那块变黄了的马铃薯田里。它把土刨松，唤来很多母鸡，请它们来吃新鲜的马铃薯。一位路过的女庄员看见了，笑了笑，跟她的女伴说：'这可真有意思！公鸡是第一个来收我们的早熟马铃薯的。它大概知道，明天我们就要收早熟马铃薯了吧！'"

"这样就可以知道，茎叶枯黄的马铃薯已经成熟了，所以它的茎叶变黄了，那些是早熟马铃薯。而那块面积大的田里，种的是晚熟马铃薯，所以它们还是深绿色的。"

林中简讯

集体农庄的树林中，第一个白蘑从土里钻了出来。它长得结结实实、肥肥硕硕的！

它的帽子上有个小坑，周边是湿漉漉的穗子，上面粘着许多松针。白蘑周围的土地是凸起来的。如果把这块土挖开，可以看见许许多多的大白蘑、小白蘑、小小白蘑，还有最小的白蘑！

鸟儿的岛
——从远方寄来了一封信

我们乘着船航行在喀拉海的东部。周围是一望无际的汪洋，看不见尽头，走不到边儿。

突然，桅顶监视员大喊了起来："正前方，有一座倒立着的山！"

"这恐怕是他的幻觉吧？"我一边这样想，一边爬到了桅杆上。

可以清清楚楚地看到：我们的船正朝着一个岩石重叠的岛开过去。这座岛上下颠倒着，倒挂在空中。

没有什么东西托着它们，一块块岩石全都倒挂在空中！

"我的朋友，你是不是脑子出毛病了？"我自言自语道。

这时候，我突然想起来了："对了！是反射光！"物理学上把它称作"伞反射"，反射光是一种奇特的自然现象。于是，我不由自主地笑了起来。

北冰洋上经常会出现这种物理学上的"伞反射"现象。这种现象又被称为海市蜃楼。乘船向前走着，你会突然看到远处的海岸或者船，倒挂在空中。这是它们在空中颠倒过来的影像，就像在照相机的测景器中看见的影像一样。

几个小时之后，我们的船到达了远处的那个小岛上。当然，小岛并没有倒挂在空中，而是安安稳稳地矗立在水中，一块块岩石也都是好端端的。

船长先测定了方位，然后看了看地图说，这个小岛位于诺尔勒歇尔特群岛的海湾入口处。这个岛被命名为比安基岛，这个名字是为了纪念瓦连京·利沃维奇·比安基——一位俄罗斯科学家，也是我们《森林报》所纪念的那位科学家。所以我想，你们应该很想知道这个小岛是什么样子的，岛上又有些什么东西吧！

这个小岛是由许许多多的岩石杂乱堆积成的，有四四方方的大石板，也有巨大的圆形石头。岩石上没有青草，也没有灌木，只有一些零零落落的白色和淡黄色的小花，在闪烁着。在倾斜的海岸上，堆着很多木头，有树干，有圆木，还有木板。这些木头都干透了，把手指屈起来轻轻地叩它们一下，就会听到清脆悦耳的声音。这些木头都是从海上漂过来的，也许漂了好几千千米呢！另外，在背风朝南的岩石上面，长满了短短的苔藓和地衣。这儿有一种青苔，长得跟我们那儿的平茸蕈很像，很柔软、很肥壮。在别的地方，我从来没见过这种青苔。

现在已经是 7 月底了，可这里的夏天才刚刚开始。不过，这也不会妨碍那些大冰块、小冰山，悄悄地从岛旁漂移过去。在阳光的照耀下，它们亮闪闪的，晃得人睁不开眼睛。这儿的雾特别浓，矮矮地笼罩在海面上和小岛上。从这里经过的船只，只能看见桅杆，看不见船身。不过，这里很少有船经过。岛上杳无人烟，因此岛上的野兽看见了人，一点儿也不会害怕。不管是谁，只要随身带些盐，往它们的尾巴上撒些盐，就可以把它们捉住。

比安基岛是个名副其实的鸟儿的乐园。这儿可不是鸟儿的闹市，在这里，你看不到那种成千上万只鸟儿胡乱地挤在一块岩石上做窠的情景。不计其数的鸟儿，在岛上自由自在地安排自己的住宅。在这里做窠的，有成千上万的大雁、野鸭、潜鸟、天鹅及各种各样的鹬。比这些鸟儿住得高一点儿的，在光溜溜的岩石上做窠的有管鼻鹱（hù）、海鸥和北极鸥。这里有各种各样的海鸥：有全身雪白、黑色翅膀的鸥；有身体娇小、粉红色羽毛、尾巴像打开的剪刀那样的鸥；还有体形硕大、性情粗暴的北极鸥，北极鸥吃鸟蛋、吃小鸟，还吃小兽儿。这里还有北极大猫头鹰，它的全身是雪白色的。北极百灵鸟在地上一边跑一边唱，它们的颈上长着黑羽毛，看起来像几绺（liǔ）黑胡子似的，头上有两撮黑冠毛竖立着，好像一对小犄角一样。白胸脯的雪鹀长着美丽的白翅膀，像云雀一样飞到云霄里欢快地歌唱。

这里的野兽更有趣……

我带着早点，来到海岬后，在海岸上坐了下来，有很多旅鼠在我身边蹿来蹿去。它是一种啮齿动物，个头很小，浑身毛茸茸的，长着黄色、黑色和灰色的绒毛。

岛上有很多北极狐。我在乱石堆当中看到过一只，它正小心翼翼地走向一窠还不会飞的小海鸥。突然，大海鸥们看到了它，马上一起向它扑过去，叫呀，嚷呀！只听见一片吵闹声。这个小偷被吓得夹着尾巴，拼命逃走了。

这里的鸟儿会保护自己，它们绝对不会让自己的雏鸟受到伤害。这样一来，野兽们可就要挨饿了。

我开始朝海上眺望。海面上也有很多鸟儿游着。

我吹了一声口哨。顿时，几个油光水滑的圆脑袋从岸边的水底下钻了出来，它们瞪着一双双乌黑的眼睛惊讶地盯着我，大概是在想："从哪儿来了这么个丑八怪啊！他吹口哨干吗呀？"

这几个圆脑袋是海豹，一种个头很小的海豹。

在距离海岸远一点的地方，又出现了一只个头很大的海豹。再远一点，有一些长着胡子的海象，它们的个头更大。突然，所有的海豹和海象们都钻入了水中；鸟儿大声尖叫着，飞上了天空。原来，有一只白熊从岛的旁边游过，它只从水中露出了脑袋。白熊是北极地区力气最大、最凶猛的野兽。

我感到肚子饿了，这才想起把早点拿出来吃。我记得很清楚，我把它放在自己身后的一块石头上，可是现在却怎么也找不着了。石头下面也没有。

我跳了起来。

一只北极狐从石头底下蹿了出来。

它是小偷，小偷！就是这个小偷悄悄地走过来，把我的早点偷走了。它的嘴巴里还衔着我包着灌肠面包的那张纸呢！

瞧，这里的鸟儿让这样一个体体面面的野兽饿到什么程度了！

■远航领航员　马尔丁诺夫

打 猎

这时候，雏鸟还没长大，还不会飞，怎么打猎呢？而且小鸟、小兽是不能打的。法律不允许猎人在这个时候打飞禽走兽。

但是，那些危害人的野兽和专吃林中小动物的猛禽，即使是在夏天，法律也是许可打的。

恐怖的黑夜

夏天的晚上，你到外面走走，就会听到从树林中传来的一阵阵奇怪的声音，突然几声"嚯嚯嚯！"突然几声"哈哈哈！"简直令人毛骨悚然，太吓人啦！

有的时候，不知是谁从顶楼或屋顶上呜呜呜地叫起来，在黑夜中闷声闷气的，仿佛在说："快走！快走！大祸要临头……"

这当口，在漆黑的半空里，亮起两盏圆溜溜的绿灯——一双凶神恶煞（形容极其凶恶。煞，shà）的眼睛。接下来，

105

一个悄无声息的阴影，从你的身旁一闪而过，差点儿碰到你的脸。这怎能不令你胆战心惊呢？

正是因为这种恐惧心理，人们才会讨厌各种各样的猫头鹰。树林中的鸮鸟，每天夜里在那儿狂笑，那笑声非常刺耳；在人家屋顶上栖息的鸮鸟，用一种不吉祥的声调，一个劲儿地在说："快走！快走！"

即使在大白天，要是从一个黑乎乎的树洞中，猛地探出一个脑袋来，一双黄澄澄的圆眼睛，钩子般的尖嘴巴，发出响亮的吧嗒吧嗒的声音，也很容易把人吓哆嗦呢！

深更半夜，家禽中间如果起了一阵骚动，鸡、鸭、鹅一齐乱叫起来，咯咯咯、嘎嘎嘎、呷呷呷乱成一片。第二天早上，那家的主人发现家禽数目不对了，那他也一定会怪罪鸮鸟的。

白日打劫

不只是夜晚，就算在大白天，猛禽也会让集体农庄的庄员们不安宁。

老母鸡一不留神，它的小鸡就会被鸢抓走一只。

一只公鸡刚刚跳到篱笆上，就被鹞一把抓走了！

鸽子刚从屋顶上飞起来，不知从哪里来了只游隼。游隼冲入鸽群中，只见绒毛四散飞舞，它一把就抓住了那只鸽子，瞬间便消失得无影无踪。

万一猛禽被集体农庄的庄员撞见，那个对猛禽恨之

入骨的人，才不会去仔细研究哪只是益鸟，哪只是坏鸟
呢——只要他看到一只有长爪子和钩形嘴的猛禽，立刻就
会把它打死。他若是认真地大干一场，把周围所有的猛禽
都赶跑或者打死，到那时候，后悔可就来不及了！整个菜
园子里的白菜都会被兔子啃光，田里的老鼠将会大批大批
地繁殖起来，金花鼠也会把所有的庄稼都吃光。

不会算计的庄员将会在经济上受到莫大的损失。

谁是敌人，谁是朋友

首先，要认真地学会辨别有害的猛禽和有益的猛禽，这
样才不会把事情闹得那么糟糕。那些侵害野鸟和家禽的猛
禽，对人类是有害的。那些消灭田鼠、老鼠、金花鼠及其他
对人类有害的啮齿动物和害虫——像蝗虫、蚱蜢等，对人类
是有益的。不论它们的样子多么可怕，它们也是益鸟。

只有我们这儿的那种硕大的鹗鸟——圆脑袋的大鹗鹰
及大角鹗是害鸟。但是，即便是它们，也经常捉啮齿动物
吃呢！

白天飞出来的猛禽中，老鹰是最有害的。我们这里有
两种老鹰：小个子的鹞鹰——比鸽子细长一些，以及硕大的
游隼。

把老鹰和其他的猛禽区分开是很容易的。老鹰是灰色
的，小小的脑袋，淡黄色的眼睛，低低的前额，胸脯上有
杂色的波纹，尾巴长长的。

老鹰是一种非常凶恶、强悍的鸟儿。即使遇到个头儿

比它们大的动物，它们也敢扑过去，甚至在肚子不饿的时候，也会毫不犹豫地杀死其他的鸟儿。

鸢的尾巴尖是叉开的，根据尾巴的特征，很容易就可以把它辨认出来。比起老鹰，它要弱得多。它只是四处张望，看哪里有一只呆头呆脑的小鸡可以捉走，或者哪里有腐烂的动物的尸体可以啄食。它可不敢扑个头大的飞禽走兽！

另外，大隼也是害鸟。

大隼的翅膀是尖尖的、弯弯的，看着像两把镰刀。它们比任何鸟儿飞得都快，而且经常朝着那些正在高飞的鸟儿猛扑过去，这样可以避免在扑空的时候，猛撞在地上，撞破胸脯。

那些小隼当中有些是非常有益的，所以最好不要去惊动它们。

比如说红隼。它们还有个诨名叫"疟子鬼"。

在田野的上空，经常可以看到这种红褐色的红隼。它悬在半空中，仿佛有一根看不见的线，把它挂在了云堆下面似的。它抖动着翅膀，在寻找草丛里的蚱蜢（zhàměng）、蚯蚓、老鼠。因此得名"疟子鬼"。

雕对于我们是弊大于利。

如何打猛禽

在它们的窠旁打它们

对人类有害的猛禽，一年四季都可以打。打这些猛禽的方法有很多。

最方便的方法，就是在猛禽的窠旁打它们。但是，这种打法是非常危险的。

为了保卫雏鸟，硕大的猛禽会不顾一切地鸣叫着向人扑过来，因此必须在离它很近的地方开枪。枪一定要打得快，打得准，不然的话，你的眼珠子可能就保不住了。不过，要想找到它们的窠可不是件容易的事。

老鹰、游隼、雕都把自己的窠安置在茂密森林中高大的树木上，或者难以攀登的岩石上。大鹗鹰和大角鸮把窠安在岩石上，安在稠密的丛林中，或者安在地上。

偷 袭

老鹰和雕经常落在白柳树上、干草垛上，或者是孤零零屹立着的枯树上，找寻可以捕捉的小动物。它们可不会让人靠近。

这就要偷袭了，就是要从石头或者灌木丛的后面悄悄地爬过去打。枪，必须得用远射程的步枪，还要用小子弹。

带上帮手

去打白天飞出来的猛禽时，猎人经常会带上一个帮手——一只大角鸮。

头一天，他在附近的一处小丘上，插一根木杆，木杆上再安一根横木，在距离这根木杆几步路远的地方，埋下一棵枯树，然后在枯树的旁边搭个小棚儿。

第二天早上，猎人带上大角鸮来到这里，把它放到木杆上的横木上，拴好之后，自己躲进小棚子里。

不用等太久。只要鸢或者老鹰看到这只大角鸮，它们就会立刻向它扑过来。大角鸮常常夜晚出来打劫，所以它的仇敌很多，都想报复它。

它们盘旋着，一次次地向大角鸮扑将过来，落在枯树上，朝着这个强盗大声地叫着。

拴在木杆上的大角鸮，只能眨巴着眼睛，吧嗒着钩形嘴，竖起浑身的羽毛，没有一点儿办法。

被愤怒冲昏了头脑的猛禽，根本不会注意小棚子。这时候，你就开枪吧！

黑夜打猎

黑夜打猛禽是最有趣的。老雕和其他大猛禽过夜的地方并不难发现。比如说，在没有岩石的地方，雕就孤零零地在大树顶上打盹儿。

在一个没有月光的黑夜，猎人来到这样的一棵大树旁边。

雕正在沉睡之中，因此猎人可以走到那棵树下。猎人将藏在身边的强光灯——电石灯或者手电筒，出其不意地亮出来。一道耀眼的亮光忽然向雕射了过去，雕被这亮光照醒了，迷迷糊糊的。它眯着眼睛，什么也看不见，不知道发生了什么事儿，昏昏沉沉的、一动不动地待在那里。

猎人从下面望去，看得非常清楚。他瞄准雕，扣动了扳机。

夏猎开禁了

从 7 月底开始，猎人就已经不耐烦了，他们变得心焦起来。雏鸟已经长大了，可是，省执行委员会还不规定今年打猎的开禁日期。

后来，终于等到了这一天。报上刊登公告说：今年，从 8 月 6 日起开禁，允许在沼泽地上和树林中打飞禽走兽。

猎人们早已经把弹药装好了，把猎枪检查了一遍又一遍。8 月 5 日那一天，下班回家的时候，捎着猎枪、牵着猎狗的人把各个城市的火车站都挤满了。

嗬！火车站有各种各样的猎狗！有光毛猎犬和短毛猎犬，它们的尾巴直直的，看上去像根鞭子。这些狗，五颜六色的：白色带小黄斑点的；棕色带杂色斑点的；黄色带杂色斑点的；深咖啡色的；全身乌黑，油光闪亮的；白色，耳朵上、眼睛上、躯干上下有大黑斑的。有长毛的谍犬，它的尾巴像羽毛一样。它们的毛色有白色带大黑斑的，白色带闪烁着青灰色亮光的小黑斑点的。有"红色"的长毛猎狗，全身火红的。有大个子猎犬，它们的毛色是黑的，带着黄色斑点，看上去很笨拙，行动缓慢。这些猎狗都是为了夏天打猎，打刚出窠的野禽而饲养的；它们都经过专业的训练，一闻到飞禽的气味，就会停下脚步，一动也不动，鼻子指向飞禽所在的方向，等着主人走过去。

另外，还有一种比较矮小的猎狗，它的尾巴短短的，毛很长，脚很短，耳朵长得几乎都耷拉到地上了，这是西班牙猎狗。它们不会站定下来指示方向，但是带着这种狗，在茂密的树林中打松鸡，或者在芦苇里、草丛里打野鸭，是非常方便的。

不管飞禽在哪里——在水里也好，在芦苇丛里也好，在茂密的灌木林中也罢，这种猎狗都会把它撵出来。要是飞禽受伤了，或者打死了，落在哪儿，这种狗也会把它衔过来，交给自己的主人。

大部分猎人都是乘近郊火车到乡下去，几乎每一节车厢里都有。大家都忍不住朝着他们看，瞧他们身边的漂亮猎狗。只听见车厢里的人都在谈论野味、猎枪、猎狗和打猎的事迹。猎人们感觉自己简直就是英雄好汉，他们时不时地抬起眼睛，自豪地望望这些"平常人"——车厢里那些没带猎狗、没带猎枪的乘客们。

6日晚上和7日清晨的火车，又把他们载了回来。但是，咳！很多猎人脸上那种扬扬得意的神情已经完全消失了。他们垂头丧气地背着瘪瘪的背包。

那些"平常人"满面笑容地迎着这些不久前的英雄好汉们。

"野味在哪里呀？"

"飞到别的地方送死去了。"

"难道野味留在林子里了？"

这时候，从一个小车站上走来了一个猎人，迎接他的是一阵唧唧哝哝的赞美声——原来，他的背囊鼓鼓的。他只顾找座儿，眼睛谁都不看，大家连忙挪出地方为他让座。他趾高气扬地坐了下来。他的邻座可真是个眼尖心细的人，一下子就当着全车厢的人宣布了：

"咦！你的野味儿怎么都是带绿爪的呀？"那个人一边说，一边毫不客气地揭开了他的背包。

云杉树枝的梢儿从背包里露了出来。

多没面子呀！

打靶场

第五次竞赛

1. 鸟儿什么时候长牙齿？

2. 有一种蜘蛛为什么叫"割草的"？

3. 如果一头牛没有尾巴，跟有尾巴的牛比起来，通常哪一头牛的肚子吃得更饱一些？

4. 一年中，哪一季度猛兽和猛禽吃得最饱？

5. 哪一种动物在成长之前，要生三次？

6. 哪一种动物生两次、死一次？

7. 形容对人毫无影响的事情时，人们为什么就会说"好像鹅背上的水"？

8. 哪种鸟儿的雏鸟，不认识妈妈？

9. 狗觉得热了，为什么会把舌头吐出来？马觉得热的时候为什么不吐舌头？

10. 哪种鸟儿的雏鸟，会像蛇一样在树洞中发出咝咝咝的声音？

11. 哪一种鱼，当它的孩子还没长大的时候，会照顾它们？

12. 看看秃鼻乌鸦的嘴巴，就可以辨别出老鸟和小鸟。怎样辨别？

13. 蜇了人以后，蜜蜂会怎样？

14. 中午，向日葵的花儿朝哪个方向？

15. 蝙蝠刚生下来的时候吃什么？

16. 野牛公公在山上面跑，野牛婆婆在山缝中跑；一个不停地眨眼，一个放声大叫。（谜语）

17. 早上，田地是淡蓝色的，到晌午的时候，为什么就变成绿色了呢？

18. 穿的是一件红衫子，坐的是一根细棒子，突出亮闪闪的小肚子，肚子里装的全是小石子。（谜语）

19. 几个小老头儿，全都戴着红帽子，谁要靠近他们，就要弯下身子。（谜语）

20. 来自灌木丛里，声音咝哩咝哩咝哩，突然把毒剑抬起，往你脚上攻击。（谜语）

21. 住在树林中，盖房不用斧，房子没棱没角没柱子。（谜语）

22. 在地上躺着睡觉，早上就不知去向。（谜语）

23. 花儿像天仙一样美，爪子尖锐得像魔鬼。（谜语）

24. 房子背在背上，眼睛长在角上。（谜语）

成长启示

　　动植物的世界也是丰富多彩的，有爱、有恨、有猎杀、有追逐，也有保护。把杜鹃雏鸟辛苦抚养大的鹡鸰夫妻，让我们的心灵为之一动，原来动物也是有感情的。它们的行动更让我们明白，爱是不会老的，它留下的是永恒的火焰与不灭的光辉，世界的存在，就以爱为养料。

好词收藏

寸步不离　　小心翼翼　　筋疲力尽　　若无其事　　密密匝匝

大名鼎鼎　　不屑一顾　　不由自主　　海市蜃楼　　垂头丧气

森林报

6

结队飞行月（夏季第三个月）

导读　　动植物已忙忙碌碌地度过了两个月，雏鸟即将长大了，树木也长高长粗了。在夏季的最后一个月里，它们的生活会有些什么变化呢？飞禽走兽之间又发生了哪些令人刻骨铭心的故事呢？

一年——分为12个月的太阳诗篇

8月——闪光的月。夜里，远方有一道道亮光，悄无声息地照亮了天空，瞬间即逝。

草地在夏天里已经换完了最后一次装，现在，它变得五颜六色，大多数花儿都是深颜色的：紫色的、蓝色的。太阳光渐渐地变弱了，草地得收藏临别的太阳光了。

　　比较大的果实，像水果、蔬菜什么的，都快要熟了；晚熟的浆果，像越橘、树莓什么的，也快要熟了;树上的山梨、沼地上的蔓越橘也都快熟透了。

　　一些蘑菇长了出来，它们不喜欢火辣辣的太阳，躲在阴凉的地方，看起来像个小老头儿。

　　树木已经不再长高长粗了。

森林中的新规矩

森林里的小孩儿都长大了，都从窠里爬出来了。

春天的时候，鸟儿成双入对，在一块固定的地盘上住着，现在，却带着孩子们满林子"游牧"起来了。

森林中的居民们来来往往地互相拜访着。

就连那些猛禽和猛兽，也不再死守着自己打猎的那个地盘了。树林中到处都有野味，可以让大家吃个够。

白鼬、貂和黄鼠狼满林子乱窜，不管它们在哪儿，都可以毫不费力地找到吃的东西，有的是粗心大意的小老鼠、呆头呆脑的雏儿、缺乏经验的小兔儿等。

鸣禽们成群结队地在乔木和灌木间旅行。

群中有群中的规矩。

规矩是这样的：

我为大家，大家为我

谁要是先发现了敌人，就要尖哨一声，或尖叫一声，以此提醒大家，让大家抓紧时间四处飞逃。如果一只鸟儿遇到祸事，大家就要一齐飞起来，大叫大闹，把敌人击退。

成百对耳朵、成百双眼睛在警惕着敌人，成百张尖嘴巴随时准备把敌人击退，加入鸟群的雏鸟当然是越多越好。

在鸟群中，雏鸟需要遵守这样的规矩：必须要模仿老鸟的一举一动。老鸟们不紧不慢地啄麦粒，雏鸟也要跟着啄麦粒。老鸟们抬起头来，一动不动，雏鸟也要抬起头来，一动不动。老鸟们逃跑，雏鸟也要跟着逃跑。

教练场

琴鸡和鹤都有一块专门的教练场，在那儿，它们可以教自己的孩子学习各种本领。

琴鸡的教练场在林子中。小琴鸡们聚集在那里，看着琴鸡爸爸在干什么。

琴鸡爸爸开始"揪拂——费！揪拂——费"地叫起来，小琴鸡也跟着爸爸尖声尖气地"揪拂——费！揪拂——费"地叫起来。琴鸡爸爸咕噜咕噜地叫，小琴鸡也跟着爸爸咕噜咕噜地叫了起来。

不过，现在琴鸡爸爸的叫声跟春天的时候不一样了。春天，它的叫声听起来好像是："我要卖皮袄，我要买大褂！"现在又好像是："我要卖大褂，我要买皮袄！"

小鹤们排着队，飞到了教练场，它们正在学习飞行的时候如何排成整齐的"人"字阵。它们必须学会这个本领。这样，在长途飞行时才能节省力气。

最身强力壮的老鹤飞在"人"字阵的最前面。它是整个队伍的先锋，要冲破气浪，它的任务是全队中最艰难的。

等它飞累了，就会退到队伍的最后面，然后再由其他有力气的老鹤来替代它领队。

小鹤们跟在领队的后面，一只紧跟着一只，脑袋连着尾巴，尾巴连着脑袋，按一定的节拍鼓动着翅膀。哪一只强壮一些，就飞在前面，哪一只力气小一些，就跟在后面。"人"字阵靠着前面的三角尖冲破一个个气浪，就像船靠着船头乘风破浪前进一样。

咕尔，勒！咕尔，勒！

这是在下命令，意思是说："注意了，目的地到了！"

鹤一只紧跟着一只落到地面上。它们落在了田野中的一块空地上，小鹤要在这里学习体操和跳舞：它们不停地跳啊，转啊，按照节拍做出各种灵活的动作。还要做一种最难的练习：用嘴巴把小石子抛上去，然后再用嘴巴把它接住。

它们就是这样为长途飞行做准备的。

蜘蛛飞行家

没有翅膀，怎么能飞行呢？

这就要找窍门了！几只小蜘蛛成了气球驾驶员。

小蜘蛛吐出一根细丝来，挂在一棵灌木上。在微风的吹拂下，蛛丝左右摇摆着，可是没有被吹断。蜘蛛丝非常坚韧，就像蚕丝一样。

小蜘蛛在地上站着，蜘蛛丝从灌木上挂下来，一直到地面上，在空中随风飘动着。小蜘蛛站在地上，继续在那儿抽丝。丝把它的身子缠住了，浑身都缠满了，看上去像是一个蚕茧，可是它依然在那儿抽丝。

蜘蛛丝越来越长了，风也越吹越厉害。

小蜘蛛用八只脚牢牢地抓住了地面。

一、二、三——小蜘蛛迎着风走了过去，把挂在灌木上的那一头细丝咬断。

一阵风，把小蜘蛛吹走了。

小蜘蛛飞起来了！

赶快把缠在身上的丝解开！

小气球上升了，飞得高高的，飞过了草丛，飞过了灌木林。

气球驾驶员从上往下望，在哪里降落最好呢？

下面是小河，是树林。再往前飞吧！飞得更远一些！

看，下面是谁家的小院儿？一群苍蝇正围绕着一个粪堆飞舞着。停下吧！降落！

小蜘蛛把蜘蛛丝缠绕在自己身子底下，用爪子把蜘蛛丝绕成一个小团儿。小气球慢慢地降落了……

好了！着陆！

蜘蛛丝的一头挂在了草叶上，小蜘蛛成功着陆了！

它可以在这儿安居乐业了。

秋天的时候，在天气晴朗、干燥的时节，有很多小蜘蛛带着它们的细丝在空中飞行。那时候，乡村里的人就会说："秋老了！"那是秋的白发，宛若银丝。

林中大事记

一只山羊把一片树林吃光了。

不是在开玩笑，一只山羊真的把一片树林吃光了。

这是树林看守人买的山羊。他把它带到了树林中，拴在草地上的一根柱子上。半夜的时候，山羊把绳子挣脱掉，逃走了。

周边全都是树木。山羊能上哪儿去呢？幸好那一带没有狼。

已经三天了，树林看守人还是没有找到它。第四天，它自己跑回来了，咩咩咩地叫着，仿佛在说："你好啊！我回来了！"

到了晚上，邻近的一个树林看守人神色慌张地跑来了。原来，山羊把他那个林子里所有的树苗都啃光了——把整个树林都吃光了！

树木在小的时候，根本没有能力保护自己。任何一只牲口，都可以欺负它，把它从土里连根拔起，然后吃掉。

山羊看上了那些细小的松树苗。一眼望过去，就像些小棕榈（lú）似的。上面是柔软的绿针叶，像一把把小扇子似的张开着，下面是一根纤细的小红柄。它们是那样漂亮！大概山羊认为它们很好吃吧！不过，羊是绝对不敢碰大松树的，因为羊很可能会被大松树的针叶戳个皮破血流！

■森林通讯员　维利卡

捉强盗

成群结队的黄鹂莺在林子里乱飞，从这棵灌木上飞到那棵灌木上，从这棵树上飞到那棵树上。它们在每一棵灌木中、每一棵树上，都上上下下，遛来遛去，把每个角落都认认真真地搜寻了一遍。树皮上、树缝里、树叶背后，只要有青虫、甲虫或是蝴蝶、飞蛾，都会把它们统统消灭掉。

"啾咿！啾咿！"一只小鸟惶恐地叫了起来。所有的小鸟立刻警惕起来，只见下面有一只凶恶的貂，正偷偷摸摸地爬过来。它躲藏在树根之间，一会儿露出了乌黑的脊背，一会儿躲避在倒地的枯木之间。它扭动着那细长的身子，如同一条蛇似的。它那两只恶毒的小眼睛，在阴暗中放射出火星一样的凶光。

"啾咿！啾咿！"所有的小鸟都开始尖叫了起来，这一群黄鹂莺全体匆匆忙忙地离开了那棵大树。

白天还好说，只要一只鸟儿发现敌人，所有的鸟儿就都可以逃脱。夜晚的时候，小鸟躲在树枝下面睡觉。敌人可没有睡觉！猫头鹰用柔软的翅膀拨动着空气，悄无声息地飞过来，看准小鸟在什么地方睡觉，马上就用爪子抓！睡得昏昏沉沉的小鸟，吓得惊慌失措，四下里乱飞。不过还是有两三只被抓住了，在强盗的铁爪下拼命挣扎着。天黑的时候，可真不是好事！

这时候，这群黄鹂莺从一棵灌木上飞到另一棵灌木上，从一棵树上飞到另一棵树上，一直钻到了森林深处。这些小巧玲珑的鸟儿，穿过密密匝匝的枝叶，钻入最隐蔽的角落里。

在茂密的丛林之间，有一个又粗又大的树桩子。树桩子上长着一簇奇形怪状的木耳。

一只黄鹂莺飞到了木耳跟前，想看看那里有没有蜗牛。

突然，木耳那灰茸茸的帽儿掀了起来，只见下面露出了一双圆溜溜的眼睛，忽闪忽闪的。

这会儿，黄鹂莺才看清那是一张猫似的圆脸，脸上长着一张钩子状的弯嘴巴。

黄鹂莺大吃了一惊，连忙闪向了一旁，尖声大叫起来："啾咿！啾咿！"整个鸟群骚动起来了，可是，这一次一只小鸟也没飞逃。大家集合到一起，把那个吓人的树桩子包围了起来。

"救命！救命！猫头鹰！猫头鹰！猫头鹰！"

猫头鹰愤怒地把钩子状的嘴巴一张一合，吧嗒吧嗒地响，好像在说："哼！送上门了！搅了我的好觉！"

很多小鸟听到了黄鹂莺的警报，都从四面八方飞了过来。

捉强盗！捉强盗！

一只小不点黄脑袋的戴菊鸟，从高大的云杉树上飞了下来，身体灵巧的山雀从灌木丛中跳了出来，它们都勇敢地加入了战斗，不停地在猫头鹰的眼前飞绕，打着盘旋，用冷嘲热讽的口吻向它叫道："你过来呀！你来捉我们呀！你来碰我们呀！来呀！你尽管追过来！你来捉住我们呀！大白天你倒试试看！你这个该死的夜游神，你这个强盗！"

猫头鹰的眼睛一眨一眨的，把钩子似的嘴巴弄得吧嗒吧嗒响——大白天，它能有什么办法呢？

鸟儿还在持续不断地飞来。黄鹂莺和山雀的喧嚣和尖叫声，把一大群胆大、力壮的淡蓝色翅膀的松鸦引了过来。

猫头鹰被吓坏了，它扇动着翅膀，溜之大吉了。快点逃吧，保命要紧，不赶紧逃走的话，会被那群松鸦给啄死的。

松鸦们紧紧跟在它的后面追，追呀，追呀，直到把它赶出了森林。

今天，黄鹂莺总算可以安稳地睡一晚了。如此大闹一场之后，很长时间，猫头鹰都不敢再回到老地方了。

草　莓

森林边缘上的草莓发红了。鸟儿发现红色的草莓，就衔着飞走了。鸟儿会带着草莓的种子到很远的地方去，然后把它散播到那里。不过仍然有一部分草莓的后代，留在原地，和它们的母亲并排生长在一起。

看，这一棵草莓的旁边，已经长出了细茎——藤蔓，它匍匐（púfú，爬行）在地上。藤蔓的梢儿上长着一棵小小的新植株：根的胚芽和一簇丛生的小叶子。这儿又是一棵。在同一棵藤蔓上，长着三簇丛生的小叶子。其中一棵小植株已经扎下了根；剩下的两棵——梢头上还没有完全发育好。藤蔓是从母本植株向四面八方爬去的。如果想找带着去年子女的老植株，就要在这样野草稀疏的地方找。比如说这一棵吧：中间的是母本植株，周围那一圈圈就是它的孩子，一共3圈，每一圈上有5棵。

草莓就是这样一圈一圈地向四处扩展，占据着土地。

■尼·巴甫洛娃

狗熊被吓死了

这一天晚上，猎人很晚才从森林中走出来，回到了村庄里。他走到了燕麦田边，发现燕麦田里有个黑乎乎的东西，一直打转儿。那是什么东西呀？

难道是牲口吗？是牲口闯到不该去的地方了？

猎人定了定神，仔细一看……天哪！竟然是一只大狗熊。它正肚皮朝下趴在地上，两只前掌搂着一束麦穗，压在身子下面吸吮呢！它舒舒服服的，得意扬扬，看来，燕麦浆很对熊的胃口。

猎人没有带枪弹，身上只带了一颗小霰弹，他本来是去打鸟的。不过，这个年轻的猎人很勇敢。

他想："咳！管它打死打不死，先打它一枪再说。总不能眼看着让它糟蹋农庄的麦田呀！不治一治它，怎么行？不吓唬一下它，它是不会离开麦田的。"

他装上了霰弹，对准狗熊就是一枪，枪声正好响在傻大熊的耳边。

这一声枪响，狗熊事先可没留意到，它被吓得跳了个老高。狗熊像只小鸟似的朝着麦田边上的一丛灌木蹿了过去。

蹿过去之后，狗熊翻了个四脚朝天；爬起来，头也不回地向森林中跑去了。

看到狗熊的胆儿这么小，猎人心里暗自好笑。笑了一阵子，他就回家去了。

第二天，他心想："得去看一下，麦田里的麦子被狗熊毁了多少？"他来到昨天的那个地方一看，从麦田到森林的一路上，都有熊粪的痕迹，原来狗熊昨天被吓得拉肚子了。

他顺着熊粪的痕迹寻了过去，只见狗熊躺在那里，已经死了！

这么看，狗熊竟然被吓死了。狗熊还算是森林中最厉害、最凶恶的野兽呢！

食用蕈

雨后，蘑菇又长出来了。

长在松林里的白蘑菇，是最好的蘑菇。

白蘑菇长得既肥硕，又厚实。白蘑菇的帽儿是深栗色的。它们有一种香味儿，人闻了会觉得特别舒服。

林中道路旁边的浅草丛里，生长着一种油蕈（xùn）。这种油蕈长在车辙里。当它们是嫩芽儿的时候特别漂亮，看着像小绒球一样。漂亮固然漂亮，可是黏黏糊糊的，总有些什么东西粘在它上面：不是细草秆，就是枯树叶。

松林中的草地上，生长着一种棕红色的蘑菇，它们火红火红的，从老远就能看见。在这种地方，这种蘑菇可真多呀！大的差不多像小碟子一样，帽儿被虫子蛀得七孔八洞，颜色发绿。最好的是那些不大不小的，比铜钱稍小一些，帽儿的中间往下凹，边缘向上卷起。这样的蘑菇才肥硕、厚实。

云杉林中也有很多的蘑菇。云杉树底下也长出了棕红色蘑菇和白蘑菇，不过它们和松林中的不一样。棕红色蘑菇的颜色跟松林里的完全不一样：它们的帽儿上面并不是棕红色的，而是绿得发蓝，还有一圈圈的纹理，就好像是树桩上的年轮。白蘑菇帽儿的颜色比较深，有些发黄。它的柄长一些，细一些。

白杨树和白桦树底下，也长着各种独特的蘑菇。它们各有各的样子，所以，也就各有各的名字：白杨蕈、白桦蕈。白桦蕈在距离白桦树很远的地方也可以生长；而白杨蕈却紧紧地跟随着白杨树，它只能在白杨树的根上生长。白杨蕈生得端端正正、婀娜多姿，蕈柄、蕈帽都像雕刻的一样，看上去好看极了！

■尼·巴甫洛娃

毒 蕈

毒蕈在雨后也长出了很多。食用蕈大部分是白色的。但是，毒蕈有的也是白色的。你可要留心识别！毒白蕈是毒蕈中毒性最大的。要是吃下一小块，会比让毒蛇咬一口还可怕。它可以让人送命。谁要是误吃了毒白蕈，中了它的毒，几乎是没有办法再恢复健康了。

幸好毒白蕈不太难辨认。它有一个和所有食用蕈不同的特点：它的柄的样子，看起来就像是插在细颈的大花瓶里一样。据说，毒白蕈跟香蕈很容易混淆，它们的蕈帽儿都是白色的。不过，香蕈的柄儿很普通，看起来绝对不像是插在细颈的大花瓶里。

跟毒白蕈长得最像的是毒蝇蕈。有些人甚至还把它叫作白毒蝇蕈。要是用铅笔把它画下来，会让人认不出来：这到底是毒蝇蕈，还是毒白蕈？毒白蕈跟毒蝇蕈的蕈帽儿上都有白色的碎片，蕈柄上看起来像围着一条领子。

还有另外两种危险的毒蕈，会很容易把它们当成白蕈。这两种毒蕈，一种叫作鬼蕈，一种叫作胆蕈。

和白蕈不同的是：它们的蕈帽儿背后，不像是白色或浅黄色的，而是红色或粉红色的。还有，要是把白蕈的蕈帽儿捏碎，它还是白色的。要是把鬼蕈和胆蕈的蕈帽儿捏碎，它们的颜色先是变红，然后又会变成黑色的。

■尼·巴甫洛娃

"雪花"纷飞

昨天，晴空万里，一点儿风也没有。太阳光非常强烈，热空气在炙热的阳光下缓缓流动。可是我们这儿的湖上却大雪纷飞！空中飞舞着轻飘飘的鹅毛大雪，眼看就要飘落到水面上了，却又腾空而起，回旋着，回旋着……从空中撒落了下来。今天早上，整个湖岸上、湖面上，都撒满了一片片死僵僵、干巴巴的雪花。

这雪花太奇怪了！灼热的太阳不能把它晒化，也不能让它闪闪放光。这种雪花是脆的，是暖的。

我们走了过去，等走到岸边时，才看清楚：这哪儿是什么雪呀！是成千上万只有翅膀的小昆虫——蜉蝣（fúyóu）。

那些蜉蝣是昨天从湖水中飞出来的。它们住在黑暗的湖底，整整 3 年。那时，它们还是些模样丑陋的小幼虫，聚集在湖底的淤泥中蠕动着。

它们吃的是臭烘烘的水苔和淤泥。它们一直待在黑暗中，从未看见过阳光。

它们就这样过了 3 年，整整 1000 多个日子。

昨天，那些幼虫们爬上了岸。它们脱掉了丑陋的幼虫皮，展开灵巧的翅膀，拖出 3 条又细又长的尾巴——像线一样的尾巴，飞到空中去了。

它们仅有一天的寿命，在空中回旋着、舞蹈着，尽情地寻欢作乐，所以人们把它们称为"短命鬼"。

它们在阳光下舞了整整一天，就像一些轻飘飘的雪花一样，在空中飞翔着、旋转着。雌蜉蝣降落到水面上，把卵产在水里，它们的卵很小。

当夕阳西下、黑夜降临的时候，蜉蝣的尸体布满了湖岸和水面。

蜉蝣的卵将会孵化成小幼虫。幼虫又将在黑洞洞的湖底度过整整 1000 天，然后又会变成快活的"短命鬼"，展翅飞到湖水的上空中。

白野鸭

一群野鸭落在了湖中心。

我站在岸上观察它们。它们是一群长着夏季羽毛的纯灰色的雌野鸭和雄野鸭。我惊奇地发现当中有一只浅颜色的野鸭，非常突出。它一直待在野鸭群的中间。

我用望远镜仔细地观察了它一番。它全身上下、从头至尾都是浅奶油色的。当早晨明亮的太阳从乌云后面露出头来时，它忽然变得雪白雪白的，白得晃眼，在那群深灰色的野鸭之中，非常显眼。在别的地方，它和其他的野鸭没有一点儿区别。

我打猎这 50 年，还是第一次见到这种患色素缺乏症的野鸭。得这种病的鸟兽，血液中缺乏色素。一生下来，它们就是全身雪白，或者全身颜色非常浅，一辈子都会这样。自然界中动物的保护色，具有救命的意义，而它们却没有这种保护色。有了保护色，鸟兽才可以在它们居住的地方不那么突出，不那么容易被发现呀！

真是难得，不知道是什么样的奇迹，让这只野鸭从猛禽的利爪下逃脱了。当然我也很希望打到它。只是，现在办不到，因为这群野鸭正在湖中心休息，这样，人们就无法走上前去放枪。这简直让我心神不定——只能等待机会，看什么时候有机会在岸边遇见那只白野鸭了。

真的没想到，这样的机会很快就来了。

有一天，我正沿着这个湖窄窄的水湾走的时候，草丛中突然飞出了几只野鸭，其中就有那只白野鸭。我举起枪来，对准它就打。可是，在开枪的一瞬间，白野鸭让一只灰野鸭给挡住了。灰野鸭被我的枪打伤了，掉了下来。而白野鸭却和其他的野鸭一起逃走了。

这是偶然吗？当然了！不过，那年夏天，我在湖中心和水湾里，还见到过好几次这只白野鸭。几只灰野鸭总是陪伴着它，好像在护送它似的。自然，猎人的霰弹每每都会打中普通的灰野鸭，而这只白野鸭在它们的保护下安然无恙地逃走了。

最终，我还是没有打着它。

这是发生在皮洛斯湖上的一件事。皮洛斯湖位于加里宁省和诺甫戈罗德省的交界处。

■维·比安基

绿色朋友

该种哪几种树

你们知道该种哪些树来造林吗？

我们知道，为了重新造林，我们已经选好了 14 种灌木和 16 种乔木，这些树木，可以栽种到苏联各地。

下面这些是最主要的植物：杨树、桦树、栎（lì）树、梣（cén）树、槭（qì）树、榆树、松树、落叶松、苹果树、梨树、桉树、柳树、洋槐、花楸（qiū）树、醋栗等。

所有的孩子都应该知道这件事情，并且要牢牢地记在心里，为了开辟苗圃，需要采集哪些植物的种子。

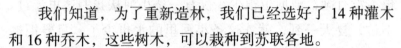

■森林通讯员　彼·拉甫罗夫谢·拉利奥诺夫

用机器种树

需要种很多很多的树木，只靠双手来种植，那可忙不过来。

　　这就需要机器的帮助了。人类发明、制造了各种各样复杂、巧妙的种树机。这些机器不仅可以播种树木种子，而且还能栽苗木，甚至可以栽大树。有在峡谷边上造林的机器，有栽种森林带的机器，有整地的机器，有挖掘池塘的机器，另外还有照料苗木的机器。

新　湖

　　在我们列宁格勒，有很多大大小小的河流、池塘和湖沼。所以，夏天的时候并不太热。不过在我们克里米疆区，根本没有湖，池塘也很少，仅有一条小河从我们这里流过。不过，夏天一到，就连这条小河里的水也少了，只要把裤脚卷起来，我们就可以光着脚走过河去。

　　以前，我们集体农庄的菜园子和果木园，常常闹旱灾。

　　现在好了，菜园子和果木园再也不会闹旱灾了。我们这里集体农庄的庄员们新挖了一个水库——一个非常大的湖，湖中可以贮存 500 万立方米的水。

　　这个湖中的水足够我们灌溉这 500 公顷的菜园子，还可以在水中养水禽、养鱼。

我们要帮忙造林

　　现在，我国人民正在从事伟大和平的劳动。第聂伯河、阿姆河和伏尔加河上，正在建造空前的大型水电站；用运河把伏尔加河和顿河贯通起来；到处都在建造森林带，这种森林带可以挡住来自沙漠的恶风，从而保护田地。全国人民都在参加建设。我们的少先队员和小学生们，也想在这项有意义的事业上尽一份力。每个少先队员都清清楚楚地记得，他曾经在国旗下宣过誓：要做忠于祖国的公民，要过真正有意义的生活。也就是说，我们的责任就是：用自己的双手建设未来。

沿着伏尔加河，成千上万的小桦树、小栎树和小槭树都竖立起来了，一排排，从草原一头横穿到草原的另一头。现在，树苗还小，它们还没长壮实，每一棵小树苗都还有很多敌人——各种害虫、啮齿动物及热风。

我们学校的少先队员和共青团员们决定去帮助成人们保护小树，不让它们受到敌人的侵袭。

我们都知道，一只椋鸟一天可以消灭蝗虫 200 克。这种鸟儿要是居住在森林带附近的话，它们就会带给森林很大的益处。我们和普里斯坦、乌斯契·库尔郡等地的少先队员们，一起建造了 350 个椋鸟窠，把它们挂在年幼的森林带附近。

金花鼠及别的啮齿动物对小树的危害非常大。我们打算和农村小朋友们一起把金花鼠消灭掉：用捕鼠器捕捉它们，往它们的洞中灌水。我们还要制造一些捕捉金花鼠用的捕鼠器。

我们本省的集体农庄将负责对护田林带中没有成活的小树进行补栽，他们需要大量的林木种子还有树苗。今年夏天，我们将会收集 1 吨种子。普里斯坦和乌斯契·库尔郡的各处学校，将会开辟苗圃，为护田林带培育槭树、栎树及其他各种树苗。我们要和农村小朋友们一起组建少先巡逻队，负责保护林带，不让它受到破坏、践踏，避免发生火灾。

当然，这些都是我们少先队员应该做的、最起码的工作。不过，苏联其他的少先队员和中小学的同学如果都能照我们这样做，我们大家就能为祖国做很多好事。

■萨拉托夫城 63 班

林中大战

（续前）

我们的通讯员来到了第四块采伐迹地上，这里大约是30年前被砍光的。在那里，他们采访到了这样的消息。

孱弱的小白杨和小白桦，都在它们强大的姐姐手下死去了。丛林下面的一层，只剩下云杉还活着。

当云杉在阴暗里悄悄生长发育的时候，高大强健的白杨和白桦还继续在光亮中大吃大喝、吵架拌嘴。老故事又重演了：哪棵树长得比它旁边的树高一些，就成了胜利者，冷酷无情地将旁边的树欺侮死。

干枯了的战败者倒了下去。于是，树叶帐篷的顶上就会出现一个窟窿；暴雨般的阳光，从那个窟窿里直泻而下，冲入黑暗、潮湿的地窖，直接落在小云杉的头顶上。

被阳光这么一吓，小云杉就生病了。

得过一段时间，它们才会习惯阳光!

过了一段时间，它们总算恢复了健康，身上的针叶也换了。之后，它们就开始飞快地长高，快到它们的敌人根本来不及去修补那顶破帐篷上的窟窿。

这些云杉是幸运的，它们最初长到跟高大的白杨、白桦一样高。其他强壮、多刺儿的云杉，也紧随其后，把长矛一样的尖梢伸到了上层。

这时候问题暴露出来了，粗心大意的胜利者——白杨和白桦让如此可怕的敌人住到自己的地窖中来了。

我们的通讯员亲眼目睹了仇敌之间的白刃战，那才真是可怕呢！

阵阵狂烈的秋风刮来了。秋风的到来，让所有挤在这里的林木都变得兴奋起来。阔叶树扑到云杉的身上，用它们长长的手臂——树枝，拼命地扑打敌人。

就连平常只会窃窃私语和发抖的胆小的白杨，都糊里糊涂地挥舞着树枝，想把黑黝黝的云杉扭住，把它们的针叶树枝折断。

不过白杨并不算好战士。它们的手臂不够坚韧，一点儿弹力都没有。对于它们，强大的云杉根本不屑一顾！

而白桦跟白杨不同。它们的身体很棒，力气大又有韧性。即使有一阵小风刮过，它们那弹簧一样富有弹性的手臂，就会随风摆动起来。白桦一晃动身子，周围所有的树木都要当心了，因为被它撞到太可怕！

白桦和云杉之间的肉搏战展开了……白桦用富有弹性的树枝鞭打着云杉的树枝，抽断了一簇又一簇的针叶。

只要白桦扭住云杉的针叶树枝，那根树枝就会干枯掉；只要白桦撞破云杉树干上的一块皮，那么云杉的树顶就会全部枯萎。

云杉可以抵御得住白杨，却抵御不住白桦。云杉是一种很坚硬的树木，虽然不会轻易断掉，也不容易弯曲，但是，它们那挺直的针叶树枝，却挥舞不起来。

我们的通讯员没有看到林中大战的战果。想要看到战果，他们需要在那里住上很多年。于是，他们就出发去找林中大战已经完结了的地方。

他们在哪里找到了这样的地方，在下一期的《森林报》上将会报道。

帮助森林复兴

我们的少先队大队参加了植树造林工作。我们正在收集各种林木的种子，并把这些种子交给集体农庄和护田造林站。在校园中，我们开辟了一个小苗木圃，种上了白桦、榆树、橡树、枫树、山楂树等。这些树木的种子，都是我们自己采集来的。

■少先队员　嘉·斯米尔诺娃　尼·阿尔卡吉也娃

园林周

我国各地的城市和农村，决定每年举行一次园林周活动。北部和中部各省，在 10 月初举行；南方各地区，在 11 月初举行。

　　第一届园林周，是在准备十月革命三十周年纪念庆祝会时举行的。当时，各地的集体农庄里，新开辟出了好几千个大花园。在学校、医院、国有农场、农业机器站等机关的院子中，在街道和公路两旁，在集体农庄庄员、职员、工人的私人住宅周围的空地上，新栽种了几百万棵果树。请看，为了迎接这个伟大的节日，少年园艺家和少年造林家为国家送上了多么好的礼物啊！

　　现在，每到园林周，国营苗木场就提前准备好几千万棵梨树和苹果树的苗木，还有无数棵装饰植物和浆果的苗木。现在，在没有花园的地方，开辟花园的工作也即将要开始了。

■列宁格勒塔斯社

集体农庄的生活

我们这里的各个集体农庄里，庄稼都快要收割完了。目前，田里的农活最忙了。第一批收割的最好的粮食，是要交给国家的。每个集体农庄都首先把自己的劳动果实交到国家的手中。

收割完黑麦，庄员们就开始收割小麦；收割完小麦之后，收割大麦；收割完大麦，再收割燕麦；收割完燕麦，最后就要收割荞麦了。

从各个集体农庄到火车站，这一路上，车水马龙：一辆辆大车上都装满了集体农庄新收获的粮食。

拖拉机一直在田里轰隆轰隆地工作着：秋播作物已经播种完了，这会儿，正在翻耕土地，为明年的春播做准备。

夏天的浆果已经过时了，不过果木园里的苹果、李子和梨都已经熟了。林子里到处都是蘑菇；蔓越橘长在铺满青苔的沼泽地上，已经发红了。农村的小孩儿正在用棍子敲打一串串沉甸甸的山梨。

被人称为公田鸡的山鹬，一家老小可遭了殃：最初它们离开秋播庄稼地来到了春播庄稼地里；现在又得不停地飞呀，跑呀，从这块春播庄稼地搬去那块春播庄稼地里。

山鹑钻进了马铃薯地里。在那儿，谁也不会去打扰它们。

不过现在，集体农庄的庄员们又来到马铃薯地里收马铃薯了。马铃薯收割机开始工作了，孩子们点燃了篝火，在地里搭了个小灶，就在那儿烤马铃薯吃。每个人的脸上都抹得漆黑漆黑的，就像黑小鬼一样，让人看了觉得害怕。

灰山鹑离开了马铃薯地，飞了开去。它们的雏鸟——小山鹑已经长大了。现在已经允许猎人打它们了。

得找个可以藏身、觅食的地方呀！但是，上哪儿去找这样的地方呢？田里的庄稼已经收割完了。不过，秋播的黑麦这时候已经长得很高了。有地方寻食了，有地方躲避猎人那尖锐的眼睛了。

神眼人的报告

8月26日，我赶着大车运送干草。走着，走着，发现一只猫头鹰在一个树枝上歇着，它那两只眼睛直勾勾地盯着枯树枝堆。我想：这太奇怪了！猫头鹰离我这么近，它怎么还不飞走呢？我把车停下来，下了车往前走了几步，拾起一根树枝，朝着猫头鹰扔了过去。猫头鹰马上飞走了。它刚一飞走，枯树枝堆底下就飞出了几十只小鸟。原来，它们躲在那里，现在终于从它们的敌人——猫头鹰的利爪下逃脱了。

■森林通讯员　列·波利索夫

集体农庄新闻

■尼·巴甫洛娃

战 略

在仅剩下光秃秃麦茬的麦田地里，杂草埋伏了起来，它们可是田地的大敌人呀！杂草的种子落到地上，杂草长长的根茎躲藏在地下。它们在等待着春天。春天一到，人们把地一翻耕完，种上马铃薯之后，杂草就开始活动了，它们的发育会妨碍马铃薯的生长。

集体农庄的庄员们决定用点计谋，来欺骗杂草。他们把粗耕机开到了田里，粗耕机把杂草的种子翻到了土里，把杂草的根茎切成了一段一段的。

那时的天气比较暖和，土又松软，杂草会误以为春天到了。于是，它们就开始发芽，生长。种子发芽了，根茎也发芽了，整个田地变成了一片绿色。

这让集体农庄的庄员们乐坏了！杂草长出来之后，秋末的时候，我们再把地耕一遍，把杂草翻个底朝天。这样，冬天一到，它们就会被冻死。杂草呀！杂草！你们休想欺负我们的马铃薯！

虚惊一场

森林的边缘上出现了一伙人，他们正在把晒干的植物茎往地上铺。嗬！这一定是一种新型的捕鸟捕兽器！林中居民们的末日就要来临了！林中的鸟兽们个个都变得惶恐不安。

实际上，这只不过是虚惊一场——原来人到这里来，完全是好意。他们是集体农庄的庄员。他们往地上铺的是亚麻，铺上薄薄的一层，一行一行的，非常整齐，把亚麻铺在这里经受露水和雨水的浸润。经过这一番程序之后，亚麻茎里的纤维就会很容易取出来。

兴旺的家庭

五一集体农庄里，有一头叫杜希加的母猪，它生了 26 个孩子。2 月里，刚向它道过喜，那时候它生了 12 个孩子。真是一个兴旺的猪家庭！孩子可真多！

公　愤

黄瓜田里引起了公愤，黄瓜们大声地吵嚷着："庄员们为什么隔一天就到咱们这儿来一趟，把咱们绿颜色的青年全都摘走了呢？让它们安安稳稳地成熟，那该多好！"

不过庄员们只把少数黄瓜留下当种子，其他的趁它们是绿色的时候就都摘走了。绿黄瓜鲜嫩多汁，清脆可口。太老了，就不好吃了。

帽子的样式

道路两旁和林中的空地上，有很多棕红蘑菇和油蕈长了出来。松林中的棕红蘑菇是最好看的：它长得矮矮胖胖，结结实实的，帽儿上带着一圈圈的花纹，颜色是火红火红的。

孩子们说，棕红蘑菇帽子的样式，是从人类这儿学的——的确，它们的帽儿跟草帽很像。

而油蕈就不一样了。它们的帽儿不像人的草帽。别说是男人了，就算是年轻的姑娘，为了赶时髦，也不会戴这种帽子。因为，油蕈的帽儿黏糊糊的，实在不会让人产生什么好感！

扑了个空

曙光集体农庄的养蜂场里飞来了一群蜻蜓，它们是来捉蜜蜂吃的。蜻蜓们非常失望：太奇怪了，养蜂场里怎么一只蜜蜂也没有呢？原来，7月中旬以后，蜜蜂已经搬进林中盛开着的帚（zhǒu）石南花的花丛中去了。

在那里，它们将会酿造出黄澄澄的帚石南蜂蜜。等到帚石南花凋谢之后，它们会再搬回来的。

打　猎

带着猎狗打猎

8月，一个清新的早上，我和塞索伊奇一起去打猎。我带着我的两只短尾巴猎狗——杰姆和它的儿子鲍依，它们欢快地叫着，直往我身上扑。塞索伊奇带着一条很漂亮的长毛猎狗——拉达。它把两只前脚搭在矮小主人的身上，在主人的脸上舔了一下。

"一边去，真是个淘气鬼！"塞索伊奇用袖子擦了擦嘴唇，假装生气地说道。

而这时，3条猎狗已经离开我们，飞奔在割过草的草场上了。英俊的拉达迈开矫捷的步伐开始狂奔起来，它那白色带黑斑的皮毛在灌木丛后若隐若现。我那两条短腿猎狗，汪汪地叫着，仿佛受了什么委屈，它们拼命地追赶，可无论如何也追不上。

让猎狗们遛遛吧！

我们走到了一片灌木林边。我打了个呼哨，鲍依和杰

姆就跑回来了。它们在旁边来来回回地走，每一棵灌木和
每一个草墩都要闻一闻。拉达在我们前面飞快地窜来窜去，
时而从左边，时而从右边，在我们前面一闪而过。跑着，
跑着，它突然停了下来。

它僵在那儿，一动也不动，仿佛撞上一道看不见的铁
丝网一样，保持着刚刚停止奔跑时的那个姿势：左前脚抬
起，头稍向左偏，脊背有节奏地弯曲着，尾巴伸得笔直，
看起来像根大羽毛。

并不是什么铁丝网，而是一股野禽的气味让它停止了
奔跑。

"您去打吧？"塞索伊奇对我说。

我摇了摇头，把杰姆和鲍依叫了回来，命令它们在我
的脚边躺下，以免它们碍手碍脚的，把猎物给撵跑了。

塞索伊奇不紧不慢走到拉达的身边，停住了脚步，他
从肩上取下猎枪，扣上扳机。他并不急于命令拉达往前走。
大概他和我一样，也喜欢看猎狗指示猎物时的那个动人画
面，那个克制自己兴奋和满腔热情的优美姿势吧！

"向前走！"塞索伊奇终于开口了。

但拉达却一动不动。

我知道这儿有一窠琴鸡。塞索伊奇又下了一次命令，
让拉达往前走，拉达刚往前迈了一步，扑扑扑地一阵响，
几只棕红色的大鸟从灌木丛中飞了出来。

"拉达，继续往前走！"塞索伊奇把命令重复了一遍，
一边举起枪来。

拉达迅速地向前跑去了，兜了半个圈子之后，又停了下来。这次停在了另一棵灌木旁边。

那里有什么东西呢？

塞索伊奇又走到拉达的跟前，吩咐道："往前走，拉达！"

拉达朝着灌木丛扑了一下，然后绕着它跑了一圈。

一只棕红色个头不太大的鸟儿，悄悄地出现在了灌木丛的上空。它一副无精打采的样子，笨拙地挥动着翅膀。它的两只长脚摇摇晃晃地拖在身后，像受了伤似的。

塞索伊奇把猎枪放下，怒气冲冲地把拉达叫了回来。

原来，这是一只秧鸡，是一种在草地上住着的野禽。

春天的时候，它会在牧场上发出刺耳的尖叫声，那时猎人还可以接受；可是，在打猎的季节里，猎人非常讨厌它，它会在草丛中乱钻，让猎狗无法指示方向——一闻到它的气味，猎狗会马上摆好姿势，它却偷偷地从草丛中溜了出去，让猎狗白费力气。

后来，我就和塞索伊奇分开打猎了，我们约好在林中的小湖边碰面。

我顺着一条绿草如茵（绿油油的草，好像地上铺着地毯。茵，yīn）的狭窄的溪谷走过去，溪谷两旁是树木丛生的高岗。咖啡色的杰姆和黑白棕三色的鲍依，在我的前面跑着。我的两只眼睛总是盯着它们俩，我得随时准备好放枪，因为这种猎狗不会指示方向，随时都可能把野禽撵出来。它们往灌木中乱钻，一会儿消失在茂密的草丛中，一会儿又出来了。它们的尾巴像螺旋桨一样，总是忙个不停——那短短的尾巴一直在摇来晃去。

不错，长尾巴是不能让这种猎狗长出来的：要是它有一根长尾巴的话，那么当尾巴打在灌木和青草上时，就会噼里啪啦地响，那动静该多大呀！何况，它们的尾巴会被灌木磨破皮。所以当这种猎狗出生3个星期的时候，主人就会剁掉它们的尾巴，这样尾巴就不会再长了。只剩下这么短短的一截，一把就可以把它握住。留下这截尾巴是为了预防万一：如果它掉到泥泞地里，就可以抓着这截尾巴把它给拉出来。我的两只眼睛紧紧地盯着这两条猎狗，自己也不知道怎么回事，竟然同时还会看到周围的一切，看到许许多多新奇美妙的事物。

我看见太阳已经升到了树梢上面，照得绿叶和青草间的缝隙中出现了一圈圈、一缕缕的金黄色的阳光。我看见灌木和草丛上，到处挂着蜘蛛网，在阳光下闪烁着，犹如一根根细细的银线。我看见奇形怪状的弯曲着的松树干，看起来像是一把巨大的椅子。如此大的椅子，只有童话中的森林之魔才配坐。但是，森林之魔在哪儿呢？在那把大椅子上的小洼洼里，积了一汪水，有几只蝴蝶围绕在旁边翩翩起舞着。

杰姆和鲍依母子俩走过去喝水……我的嗓子也有些干了。我的脚边有一张卷边的阔叶绿草，上面有一颗闪闪发光的露珠，就像一颗无价的大金刚钻一样。

我小心翼翼地弯下腰去——可不能碰洒了呀！我轻轻把这片有卷边的阔叶绿草采下来，连同阔叶草上的那一滴露水，那是世界上最纯净的一滴水。

我小心地把那片毛茸茸、湿漉漉的阔叶草放到唇边，一碰到嘴唇，那颗露珠就滚到了干燥的舌尖上，好清凉啊！

忽然，杰姆大叫了起来："汪，汪汪，汪汪汪！"我立刻把那片阔叶草丢掉，任它飘落到了地上。

杰姆一边汪汪汪地叫着，一边沿着溪岸跑过去。这会儿，它那螺旋桨般的短尾巴，甩得更快、更有力了。

我连忙向溪边走去，试图赶到狗的前面。

但是已经来不及了：有一只鸟儿，刚才我们一直没有发现，它轻轻扑打着翅膀，正从盘曲的赤杨树后飞起来。

瞧，它从赤杨树后面笔直地朝上飞呢！它竟然是一只野鸭！我乱了方寸，举起枪，顾不上瞄准，就是一枪，霰弹穿过树叶朝它打了过去。野鸭掉进了溪水里。

这一切发生得太快了，我好像根本没开过枪似的，好像我是用魔法击中了它，只产生了这么一个念头，野鸭就掉了下来。

杰姆已经游到了溪水中，把野鸭衔上岸来了。它顾不上抖落身上的水，用嘴牢牢地叼着野鸭——野鸭的脖子一直拖到了地上，给我送了过来。

"老伙计，谢谢你！好宝贝，谢谢你！"我弯下身子来，用手抚摸着杰姆。

可是这时候，它开始抖起身子来了，一阵水星子溅到了我的脸上。

"嘿！你这个没礼貌的家伙！闪开点儿！"

杰姆这才跑一边去了。

我用两根手指头把野鸭的嘴巴尖捏住，提起它掂掂分量。

这家伙！可真沉！不过它的嘴巴很结实，经得住这么沉的身体，没有断掉。这样看来，这只野鸭绝不是今年新孵出来的，而是一只成年野鸭。

我的两条猎狗——杰姆和鲍依，又一边汪汪汪地叫着，一边向前跑去。我匆匆忙忙把野鸭挂到弹药袋的背带上，立刻紧追上去，一边向前走，一边把弹药重新装上。

狭窄的溪谷渐渐变得开阔起来：高岗的斜坡脚下连着一片沼泽，只见一簇簇香蒲、一座座草墩。

我的两只猎狗在草丛中钻来钻去。它们是在那里发现了什么东西吧？

瞬间，全世界好像都汇集在这片小小的沼泽中了。我这个猎人唯一的愿望，就是想快点看见我的两条狗在草丛中嗅到的是什么东西，什么野禽将会从草丛中飞出来——可别让它溜走了呀！

杰姆和鲍依钻进高大茂盛的香蒲中，我看不见它们了，只见它们的耳朵像翅膀一样，在香蒲中一会儿向这边一扬，一会儿向那边一扬。它们是在做"搜索跳跃"，跳起来，可以把近旁的猎物看清楚。

只听噗的一声，这声音就像从泥地里往外拔皮靴时发出的声响。一只长嘴沙锥从草墩上飞了起来。它飞得很低，飞快地曲折前进。

我迅速瞄准，接着就是一枪，可是没打中，它还在飞着。

在空中盘旋了大半圈后，它伸直了两条腿，落在了一个离我不远的草墩下。它一动不动地站在那里，直溜溜的嘴巴支在地面上，看上去像是一柄剑。

离我这么近，而且老老实实的，丝毫没有要逃走的意思。这样，我倒不好意思朝它开枪了。

这时候，杰姆和鲍依跑了过来。它们又把它撵了起来。我瞄准，用左枪筒放了一枪，竟然又没打中！

哎呀！真是糟糕！我打猎30年以来，至少打过几百只沙锥，可一看到野禽飞起来，心里还是有点发慌。这次又有些慌张。

咳，真是没办法！现在还是去找几只琴鸡吧，不然的话，看到我打到的野禽，塞索伊奇会看不起我、嘲笑我的。城里的猎人把沙锥看成一种最好的野味儿，一道美味可口的佳肴（yáo）；农村人可不把它放在眼里，这么一丁点儿大的小鸟，能当什么用呀！

这时，塞索伊奇的第三次枪声，从高岗后的某个地方传来了。这会儿，他最起码已经打到5千克的野味儿了。

涉过小溪，我爬到了陡峭的斜坡上。这里居高临下，能看到西边老远的地方：那儿有一大片砍光了树木的空地，再往西是燕麦田。喏！一闪而过的不正是拉达吗！喏！那个不是塞索伊奇吗！

哈哈！拉达又站住了！

塞索伊奇走过去了，瞧！他放枪了：乒！乒！双管齐发。

他走过去捡猎物了。

我也不能再发呆了。

我的两只猎狗跑进密林中。我有这样一个规矩：要是我的狗进入了密林，我就顺着林中砍光树木的那块空地走去。

空地非常宽阔——鸟儿在上空飞过的时候，尽管放枪。只要猎狗把它撵到这边就行了。

鲍依汪汪汪地叫了起来，杰姆也跟着叫了起来。我匆匆地向前走去。

我现在已经走到了猎狗的前边。它们在那儿磨磨蹭蹭地干什么呢？那里一定有一只琴鸡。我了解琴鸡的脾性——自己飞到高处，引得猎狗一直往前跑。

果真如此，琴鸡冷不防地冲出来了，它乌黑乌黑的，像焦炭一样，顺着空地疾飞而去。

我拿起双筒枪，赶紧走上前去，双管齐发，放了一枪。

琴鸡却拐了个弯儿，在高大的树木后面消失了。

难道说这回我又没打中吗？这不可能呀！我好像瞄得挺准的……

我打了个口哨，把两条猎狗叫到了我的身边，朝着琴鸡消失的那个林子走了过去。我找了一阵子，两条猎狗也找了一阵子，可是哪儿也找不到。

唉！多么恼人啊……今天可真是倒霉啊！可是能怨谁呢！猎枪是地地道道的猎枪，弹药也是自己亲手装的。

我再试一下，或许到了小湖上，运气就转好了。

我又返回到空地上：距离空地大约有 500 米的地方，有一个小湖。这会儿，我的情绪糟透了，两条猎狗也不知道跑到哪里去了，不管怎么招呼，也不见它们回来。

让它们去吧！我自己去算了。

可这时候，鲍依不知道从什么地方钻了出来。

"你去哪儿了？你想干什么——你是猎人，我变成了你的帮手，光替你放枪就行了？那好哇，你把枪拿去吧，自己去放吧！怎么了？不会吗？喂！你干吗呢？四脚朝天地躺在地上干吗？道歉吗？瞧你那样儿！以后要听话呀！总的来说，你们这些短腿的猎狗都是蠢货。长毛大猎狗可不会像你们那样，它们都会指示猎物。

"要是带着拉达打猎，事情就容易多了。那样的话，我就会百发百中的。在拉达面前，飞禽就好像被绳子拴住了一样。那么，打中它还费什么劲儿呢？"

这时候，前方，在树干间，银色的湖面闪现在眼前。我这个猎人的心又重新充满了希望。

湖边长满了芦苇。鲍依已经扑通一声跳入了水中，往前游着，高高的绿色芦苇被它碰得左右摇摆。

鲍依大叫了一声——一只野鸭马上从芦苇丛里飞了出来，嘎嘎地叫着。

我瞄准目标放了一枪，野鸭一飞到湖中心的上空，就被我打中了。它那长长的脖子耷拉了下来。啪嗒一声，野鸭掉进了水里，肚皮朝天躺在水面上，两只红色的脚掌在空中不停地乱划着。

鲍依游向了它。它张开嘴巴想要咬住野鸭，但是野鸭突然钻进水中，看不见了。

鲍依被搞得莫名其妙：野鸭呢？跑哪儿去啦？鲍依在水中转来转去，可还是没有看见野鸭的踪影。

忽然，狗头也钻到水中去了。到底是怎么回事儿呢？它是被什么东西绊住了吗？沉到湖底去了？这可怎么办才好？

野鸭浮到了水面上，慢慢地朝着湖边游了过来。它游水的姿势真奇怪：脑袋浸在水中，侧着身子。

啊！原来是鲍依衔着它呢！鲍依的头让野鸭挡住了，所以看不见。它竟然钻到水中，把猎物叼回来了，真是太了不起了！

"打得真不错呀！"塞索伊奇的声音从背后传了过来。他悄悄地走了过来。

鲍依游到草墩旁边，爬了上去，放下野鸭，抖了抖身子上的水。

"鲍依！你真不知道害臊！马上叼起来，送到我这里！"

它竟然对我不理不睬！真是太不听话了！

这当口，杰姆不知道从哪里跑了过来。它游到草墩旁边，对着儿子怒喊了一声，然后立刻把野鸭衔起来，给我送了过来。

它抖了抖身子，又跑进了灌木丛中。这可真是一件意外的喜事：杰姆从灌木丛中叼出了一只死琴鸡。

难怪老伙计半天没出现：原来它是在林子中找琴鸡呀！说不定它一直在追踪那只被我打伤的琴鸡，找到之后，又一路衔着它跟在我后面，这一路足足有 500 米！

拥有这样的两条猎狗，让我在塞索伊奇面前感到无比的自豪！

杰姆本本分分地为我服务了 11 个年头，从来没有偷过懒。真是一条忠诚的老狗呀！不过狗的寿命很短——这一次，是你最后一次跟着我出来打猎了吧！以后，不知道我还能不能找到像你这样忠诚的朋友。

在篝火旁边喝茶的时候，以上这些念头一起涌上我的心头。小个子猎人塞索伊奇，手脚麻利地把他的猎物挂到白桦的树枝上：两只沉甸甸的小松鸡和两只小琴鸡。

3 只狗蹲在我的身旁，3 双狗眼盯着我的一举一动，那副馋样儿呀！它们是在想：能不能先给它们一小块尝尝呢？

当然是要给它们吃的：3 只猎狗的工作完成得都很漂亮，真是 3 只能干的猎狗！

现在已经是晌午了，天高高的，蓝蓝的，白杨树的叶子在头顶上抖动着，发出一阵阵细微的窸窣声。

这时候多好呀！

塞索伊奇也坐了下来，他心不在焉（指注意力不集中。焉，yān）地卷着纸烟，沉思着什么。

太好了！看来，我马上就可以听到他打猎生涯中的另一件有趣的事了。

现在，正是打新出窠的鸟儿的时候，每个猎人都绞尽脑汁，想要猎得警惕性高的鸟儿。不过，要是他不提前了解野禽的生活习性，单靠心计是行不通的。

打野鸭

当小野鸭刚学会飞的时候，大大小小的野鸭就会成群结队地飞行。这一点，猎人们早就注意到了。一昼夜24小时，它们飞行两次，搬两回家，从一个地方飞到另外一个地方。白天的时候，它们钻到茂密的芦苇丛中去休息、睡觉。夕阳西落之后，它们就从芦苇丛中钻出来，然后飞走。

猎人已经开始守候了。他知道野鸭们会飞到田里去，所以在等着它们。他站在岸边，身子躲进灌木丛中，脸朝向水，望着落日。

夕阳西下，霞光染红了天空。明亮的晚霞衬托出了一群群野鸭的黑影。它们朝猎人径直飞了过来。他瞄准起来特别方便。如果，他趁其不备从灌木丛后对准这群野鸭开枪，一定会打中好几只。

他打了一枪又一枪，一直到天黑才停下来。

夜间，野鸭就在麦田里觅食。

早上，它们就会飞回芦苇丛去。

猎人在它们的必经之路上埋伏着呢！现在，他脸朝东、背朝水站在那里。

成群结队的野鸭，朝着他的枪口飞了过来……

好帮手

一窠小琴鸡正在林中的空地上寻食。它们总是在林子边遛达，这样是为了以防万一：意外发生的时候，它们可以立刻逃进林子里去。

它们正在啄浆果。

一只小琴鸡听到草丛里传出了沙沙的脚步声，抬头一瞧，发现草丛中有个可怕的兽脸：耷拉着厚厚的嘴唇，眼睛里露出了贪婪的目光，浑身颤抖着，紧紧地盯着伏在地上的小琴鸡。

小琴鸡吓了一跳，它缩成了一个有弹力的圆团儿，两只小眼睛注视着野兽那两只贪婪的大眼睛，静静地等待着，看马上会发生什么事。那畜生只要往前挪一步，小琴鸡就会展开它那强有力的翅膀，把身子闪向一边，飞上天去——有本事，就到空中捉它吧！

时间过得真是慢极啦。那个兽脸依旧在那儿，一动不动地对着缩成团儿的小琴鸡。小琴鸡没敢往上飞。那畜生也没敢动。

突然，有人下了一声命令："快往前走！"

那畜生扑过来了。小琴鸡扇动翅膀飞了起来，快得像支离弦的箭，拼命地逃向了森林。

乓的一声枪响，火光一闪，一阵硝烟从森林中冒了出来。小琴鸡一个倒栽葱掉到了地上。

猎人把它捡起来，又命令猎狗往前走。

"小心一点儿，别出声！仔细找，拉达，仔细地找……"

躲在白杨树上的

高大茂密的云杉林黑洞洞的一片，林中寂静无声……

太阳刚刚落到森林后面。猎人从容不迫地走在寂静无声的、直溜溜的树干间。

前面，是一片白杨树林。林子中传出一种响声，好像忽然有一阵风闯进了绿叶丛中。

猎人停下了脚步。

一切又安静了下来。

现在又响了起来，似乎是稀稀落落的大雨点，敲打着树叶。

卜托、卜托！吧嗒、吧嗒、吧嗒……

猎人小心翼翼地往前走，连一点儿轻微的脚步声也没有。那片白杨树林就在眼前了。

卜托、卜托！吧嗒、吧嗒、吧嗒……声音又消失了。

密密层层的树叶遮挡着，什么也看不清。

猎人停了下来，一动不动地站着。

看谁更有耐心：是这个埋伏在树下、带着枪的，还是那个躲藏在白杨树上的？

很长时间，谁也不出声。林子里静极了。

后来又开始响起来：卜托、卜托！吧嗒、吧嗒……

哈哈，这次你可算露出马脚了。

一个黑乎乎的东西在树枝上蹲着，正在啄食白杨树叶的细叶柄，发出吧嗒吧嗒的声响。

　　猎人认真地瞄准，放了一枪。于是，那个粗心大意的沉甸甸的小松鸡，从树上掉了下来。

　　这种打猎十分公平。鸟儿躲藏得隐蔽。猎人也来得隐蔽。

　　谁先看见对方？

　　谁更有耐心一些？

　　谁的眼睛更尖锐一些？

　　试看下文。

一个很不公平的骗局

　　猎人沿着一条小径，轻轻地走在茂密的云杉林中。

　　"扑啦啦！扑啦啦！扑啦啦……"

　　一窠琴鸡从猎人的脚前飞了起来，8 只，不，总共有 9 只呢！

　　还来不及拿起枪，琴鸡们已经落在了繁茂的云杉树枝上。

　　不用白费力气去找它们，反正是不会看见它们落在哪儿了——即使把眼睛瞪得老大，也不会找到它们的。

　　猎人在小径旁边的一棵小云杉后面躲了起来。

　　他从口袋里掏出一支短笛，先吹了一下，然后坐到一个小树墩上，扣起扳机，又把短笛送到了唇边。

　　好戏就这样开始了。

　　大琴鸡在树叶丛中躲得稳稳当当的，一动也不动。在琴鸡妈妈发出"可以了"的信号之前，它们连翅膀也不敢扑一下。每一只琴鸡都老老实实地在自己的那根树枝上待着。

"啤、依、依克！啤、依、啤克！啤克、特儿——呸、呸、呸！没什么！"就是这样的信号，意思是说："可以了！"

"啤、依、依克——啤克、特儿……"

这是琴鸡妈妈在满怀信心地说："可以了！可以了！飞到这里来吧！"

一只小琴鸡悄悄地从树上溜下来，落到地上。它认真倾听着：妈妈的声音是从哪里传出来的？

"啤、依、依克！特儿、特儿！"意思是说："在这儿呢，快点来吧！"

小琴鸡跑到了小径上。

"啤、依、依克！特儿！"

原来是在那里呀——在树墩那儿，在小云杉的后面。

小琴鸡撒开腿，拼命地顺着小径跑了过去——径直跑到了猎人这里。

猎人放了一枪，又把短笛放到了唇边。

短笛又一次吹出了琴鸡妈妈的声音："啤克、啤克、啤克、特儿！"——"呸、呸、呸！没什么！"

然后，又有一只小琴鸡上当，自己送上门来了。

■本报特约通讯员

打靶场

第六次竞赛

1. 一条小鱼在水里游，你能知道它有多重吗？

2. 会飞的野兽有哪些？

3. 蜘蛛在一旁埋伏着，它怎么会知道自己的网捉住了小虫子？

4. 白天，小鸟看到猫头鹰的时候，会采取什么样的行动？

5. 蜘蛛在什么时候会飞？它是怎么飞起来的？

6. 猪鬃（zōng）随身带，不是鞋匠公公；剪刀不离手，不是裁缝。（谜语）

7. 哪一种昆虫的成虫没有嘴？

8. 下雨之前，家鸡为什么会用嘴理羽毛？

9. 晴天的时候，家燕和雨燕都飞得很高，但天气潮湿的时候，它们会挨近地面飞，为什么？

10. 根据蚂蚁窠的情况怎样可以知道天快下雨了？

11. 哪种可怕的野兽喜欢吃树莓？

12. 蜻蜓吃什么食物？

13. 夏天的时候，最好在哪儿察看鸟儿的脚印？

14. 什么是"鬼喷烟"？

15. 苏联最大的啄木鸟是什么颜色？

16. 小小的身体，分成三样儿，各在一方：躯体横放在场上，脑袋摆在桌子上，脚儿还在田地放。（谜语）

17. 吃它的头，穿它的皮，丢掉它的肉，猜猜它是什么东西？（谜语）

18. 一个农人，身材矮小，身穿黄蓑衣，腰系黄丝带，在地上躺着，不能起来，只能等人来抬。（谜语）

19. 身着黑袍，脾气暴躁，谁若惹它它就咬；脱下黑袍，换上红袍，非常老实，即使咬它，它也不会叫。（谜语）

20. 一个假我，一个真我，离得老远，相互聊天，假我是喇叭，却能把话答。（谜语）

21. 没人吓唬它，也不知道它抖个啥？（谜语）

22. 瞪着眼睛蹲在那儿，说的不是人话；生在水里，住在陆地。（谜语）

23. 什么东西长在麦田里，却不能吃？（谜语）

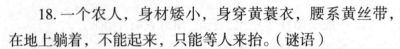

成长启示

大自然是如此的神奇，动植物又是如此的动人，让我们携手去保护这份神奇，爱护这份美丽！在环境遭到严重破坏、生态濒临危机的今天，我们应该提高环保意识，在保护环境、维持生态平衡方面，尽自己的一份努力！植树造林，保护生态环境，从现在做起！

好词收藏

安居乐业	奇形怪状	冷嘲热讽	四脚朝天	婀娜多姿
冷酷无情	车水马龙	虚惊一场	绿草如茵	翩翩起舞
居高临下	心不在焉	从容不迫		

延伸阅读

‖相关名言^{链接}‖

◇只有顺从自然，才能驾驭自然。

——培根

◇一切推理都必须从观察与实验中得来。

——伽利略

◇大自然从来不欺骗我们，欺骗我们的永远是我们自己。

——卢梭

◇人只有按照自然所启示的经验来生活。

——叔本华

◇细节在于观察，成功在于积累。

——爱默生

◇世界上没有比大自然更崇高的东西了。

——果戈理

◇观察与经验和谐地应用到生活上就是智慧。

——冈察洛夫

◇心灵与自然结合才能产生智慧，才能产生想象力。

——梭罗

◇这个世界不是缺少美，而是缺少发现美的眼睛。

——罗丹

◇观察，观察，再观察。

——巴甫洛夫

◇我们往往只欣赏自然，很少考虑与自然共生存。

——王尔德

◇学习知识就是要善于思考，思考，再思考。我就是靠这个方法成为科学家的。

——爱因斯坦

◇观察对于儿童之必不可少，正如阳光、空气、水分对于植物之必不可少一样。在这里，观察是智慧的最重要的能源。

——苏霍姆林斯基

‖作者名片‖

维·比安基（1894—1959），苏联著名的儿童文学作家和科普作家。他一生当中的大部分时间都是在森林里度过的。他从事写作多年，写下了很多科普作品、童话和小说，代表作有《森林报》《写在雪地上的书》等。其中《森林报》最为著名。

维·比安基出生在一个养着很多飞禽走兽的家庭里，他的父亲是一位著名的自然科学家。从小，他就喜欢到动物博物馆里去看标本，跟随父亲上山去打猎，和家人一起到郊外、海边或乡村去住。在那里，父亲教会了他如何根据飞行的模样辨别鸟儿，如何根据脚印辨别野兽……更重要的是，从父亲那里，他学会了如何观察、积累和记录大自然的全部迹象。他从事写作多年，以善于描写动植物的艺术才能、轻快的笔调及引人入胜的情节闻名。

后世影响

《森林报》是几百年来影响最大的科普名著之一，是少年儿童喜爱的课外读物。作者用轻快的笔调，以报刊的形式，有层次、有类别地报道了森林中的故事、愉快的节日、可悲的事件，还有森林中的英雄及强盗，让孩子们不由自主地爱上了大自然！《森林报》自1927年出版以后，连续再版多次，让少年儿童们爱不释手！

读后感例文

《森林报·夏》读后感一

暑假里，我把《森林报·夏》读完了，让我惊喜的是它比《森林报·春》更生动，更让我着迷！

哦！对了，继续跟你们讲一讲我那个没讲完的故事——森林大战吧！夏天到了，草种族已经奄奄一息了，温暖的风又把云杉种子带到了这片土地上，但它只能待在黑暗、潮湿的地下。几个月之后，云杉终于重见天日了，它从地下长了出来，而且变得强健无比。白杨已经被云杉打败了，但白桦和云杉之间的肉搏战仍在继续……它们谁都不肯示弱。

书中还有很多有趣的故事：一只小猫把一只小兔子养大了，

然后那只兔子竟然学会了跟狗打架；猎人在一只狗熊的耳边放了一枪，狗熊就被吓死了；一只杜鹃的雏鸟把鹡鸰的雏鸟都赶出窝摔死了，而鹡鸰夫妻俩却把小杜鹃养大了……

美丽动人的故事、悲惨的故事，太多太多了，说也说不完。

《森林报·夏》让我们足不出户就学到了很多关于大自然的知识，让我们感觉好像置身于森林中一般！我不仅在故事当中学到了很多知识，还明白了学习不能光靠课本，我们应该学会广泛阅读，全面吸收各方面的知识！

故事还在继续着，可《森林报·夏》已经到此结束了。

《森林报·夏》读后感二

最近，我读了一本课外书《森林报·夏》，这本书让我受益匪浅。从这本书中，我学到了很多课本上没有的知识。

我知道了，鸟儿是怎样做窠的，作者的观察是那样的细致入微，通过作家的笔端，我的眼前仿佛出现了各种各样的鸟窠。

我知道了，在夏天，遥远的北方一天 24 小时都是白天。后来，我去问爸爸，他告诉我这是极昼现象。冬天的时候，北方还会出现极夜现象。

我知道了，有一种叫毛毡苔的花儿很可怕，它会吃虫子。

我还知道了，捉虾的最好时机，捕鱼的快捷方法，谁是森林中的夜行大盗，蜘蛛也会飞的秘密，等等。

我还学到了很多很多……

这时候，金凤花、立金花、毛茛等正开得茂盛，潮湿的草地被染成了一片金黄色。

这本书把我带进了一个神奇的世界，让我看到了丰富多彩的大自然，见识了奇迹般生存着的花草树木、虫鱼鸟兽，它们生生不息，它们鼓励着我去探索更多的奥秘！

我一定会做一名爱护环境、维持生态平衡的卫士，把动植物当成自己的朋友，做一名绿色小使者。让大家一起行动起来吧，保护环境，保卫我们的家园，让我们的世界更加美丽！

知识考点

一、填空题

1. _____月_____日是北半球一年中白昼最长的一天，叫作_____。

2. 燕子窠的主要建筑材料是_____。

3. _____是人类绿色的朋友。

4. 捉虾的最好时间是_____、_____、_____、_____。

5. _____和_____的尾巴、四肢断了，还可以重新长出来。

6. 铃兰的拉丁名字叫_____。

7. _____岛是名副其实的鸟儿的乐园。

8. 最好的蘑菇是_____。

9. 短命鬼指的是_____，它只有_____天的寿命。

10. 云杉可以抵御得住_____，但抵御不住_____。

二、选择题

1. 哪种鸟儿不会做窠？（　　　）

A. 家燕 　　　　　　B. 杜鹃 　　　　　　C. 知更鸟

2. （　　　）是森林中的夜行大盗？

A. 猞猁 　　　　　　B. 老虎 　　　　　　C. 熊

3. 燕子窠的洞口留在哪儿？（　　　）

A. 左上角 　　　　　B. 正上方 　　　　　C. 右上角

4. （　　）可以帮助景天传播种子？

A. 水　　　　　　　　B. 鸟兽　　　　　　C. 风

5. 哪一种植物吃虫子？（　　）

A. 凤仙花　　　　　　B. 毛毡苔　　　　　C. 水藻

6. 一只虾最多怀多少粒虾子？（　　）

A. 1000　　　　　　　B. 500　　　　　　C. 100

7. 蚊子的幼虫叫（　　）。

A. 子孑　　　　　　　B. 孜然　　　　　　C. 蛹子

8. （　　）的帽儿看起来像人的草帽儿？

A. 油蕈　　　　　　　B. 棕红蘑菇　　　　C. 毒蕈

9. （　　）猎狗在发现猎物时会站定下来指示方向。

A. 短尾巴　　　　　　B. 长毛　　　　　　C. A 和 B

10. 不适应颠簸的浆果是（　　）。

A. 树莓　　　　　　　B. 越橘　　　　　　C. 醋栗

三、问答题

1. 小鹡鸰嘴巴上的小白疙瘩叫什么，有什么作用？

2. 鸟群中的规矩是什么？

3. 在高空飞行的时候，大雁会排成什么形的队伍？为什么？

参考答案

第四次竞赛答案

1. 从 6 月 22 日开始的。这一天是北半球一年中白昼最长的一天。

2. 小老鼠。

3. 棘鱼。

4. 在沙岸上住着的沙锥和鸥。

5. 后脚。

6. 一共有五根刺，其中三根刺长在背上，另外两根长在肚子下面。这里还有长十根刺的棘鱼。

7. 那是因为鸟儿发现窠里的蛋被人动过了，就会把那个窠丢下。

8. 家燕窠的门开在顶上，金腰燕窠的门开在旁边。

9. 有。

10. 因为它们会把自己的窠伪装起来：在窠的外面装点那棵树上的青苔。

11. 翠鸟。

12. 并不完全是这样，有很多鸣禽——篱莺、燕雀、金翅雀一个夏天孵两次雏鸟，甚至还有几种鸟儿——鹨鸟、麻雀孵三次雏鸟。

13. 银色水蜘蛛。

14. 有。在长着青苔的池沼里，有一种叫毛毡苔的植物。只要蚊子、飞蛾及其他昆虫飞进它那黏黏的圆叶子上去，就会被它捉住吃掉。在湖水和河水中，有一种叫狸藻的植物。小鱼、小虾、小虫只要一爬进它的捕食囊中，就会被它捉住。

15. 杜鹃。

16. 乌云。

17. 麦穗。

18. 刈草：刈下草儿，然后堆起草垛。

19. 青蛙。

20. 山羊。

21. 影子。

22. 刺猬。

23. 回声。

第五次竞赛答案

1. 在出蛋壳之前，雏鸟的嘴巴上长着一块小硬疙瘩，这个小硬疙瘩叫"雏齿"。雏鸟就是用这东西把蛋壳敲破的。等雏鸟出壳以后，"雏齿"就会脱落掉。

2. 因为这种蜘蛛的脚特别长，很容易折断。它走起路来的样子，就像是在割草。

3. 牛在吃草的时候，需要用尾巴把缠扰它的、叮它的虫子撵跑。如果没有尾巴，牛就没办法撵牛蝇和牛虻了，那它吃草的时候就必须不停地晃动脑袋和换地方。这样，它就吃不饱了。

4. 夏天，那时候到处都有软弱的野兽崽子和无助的雏鸟。

5. 很多种昆虫都是这样，比如说蝴蝶：先是卵，由卵变成青虫，青虫再变成蛹，蛹最后变成蝴蝶。

6. 鸟类。

7. 因为在鹅的羽毛上有一层油，不会被水沾湿，水落到鹅的背上，就会流下去。

8. 杜鹃的雏鸟。杜鹃产下蛋之后，就不管了，让其他的鸟儿去喂养。

9. 那是因为狗没有汗腺，而马有。所以狗把舌头伸出来，会觉得凉快一些。

10. 转脖鸟。

11. 棘鱼。

12. 老秃鼻乌鸦的嘴是白的，小秃鼻乌鸦的嘴是黑色的。

13. 蜇过人之后，蜜蜂就会死去。

14. 向着太阳，正对着南方。

15. 吃雌蝙蝠的奶。

16. 雷、闪电。

17. 早晨，亚麻开淡蓝色的小花，中午的时候小花就合上了，所以亚麻田就变成绿色了。

18. 是野蔷薇的浆果。

19. 红蘑菇——黄馒头。

20. 蝰蛇。

21. 蚂蚁。

22. 露水。

23. 野蔷薇，蔷薇。

24. 蜗牛。

第六次竞赛答案

1. 鱼的体重正好等于它身体所排出去的水的重量。

2. 蝙蝠，我们的林子里有一种叫鼯鼠的松鼠，它的脚趾间有膜，也能滑翔几十米。

3. 蜘蛛埋伏在一旁，它的一只脚紧紧地抓着一根绷紧的蜘蛛丝，丝的另外一头粘在蜘蛛网上。苍蝇、小虫什么的一落到网上，网就会震动起来，于是，那根细丝就会扯动蜘蛛的脚，那它就会知道有猎物落网了。

4. 它们会成群结队地高声大叫着朝着猫头鹰冲过去，直到把它撵跑才肯罢休。

5. 蜘蛛在晴朗的秋天会飞，蜘蛛丝被风卷了起来，同时也把幼小的蜘蛛带到空中飞行。

6. 虾。

7. 蜉蝣。

8. 家鸡要是觉得天快下雨了，就会把尾尻腺分泌出的脂肪涂抹在羽毛上。尾尻腺位于鸡的尾部。

9. 燕子一边飞行，一边捕捉小蝇子、蚊子及其他飞虫。晴天的时候空气十分干燥，这些虫儿可以飞得高。潮湿天，空气中充满水分，变得沉重，那么，这些虫子就飞不上去了。

10. 下雨之前，蚂蚁会躲到蚂蚁洞里，并会堵上所有的洞口。

11. 熊。

12. 各种飞虫，如河槟子、苍蝇、蜉蝣。

13. 在河岸、湖岸、池岸边，或者是在淤泥和稀泥上。很多鸟儿聚集到这里来，它们都会留下清晰的脚印。

14. 马勃菌——苏联俗名"兔芋"的芽孢。熟了的马勃菌，只要轻轻一拍，就会破裂掉，爆发出一阵尘雾，所以叫作"鬼喷烟"。这阵尘雾就是它的芽孢。

15. 头上的冠毛是红的，身上的羽毛是黑的。

16. 麦穗。横躺在场上的是麦秸，摆在桌子上的是面包，留在田地里的是麦根。

17. 大麻。大麻皮可以用来搓绳子，茎芯子没什么用。脑袋就是大麻子，可以用来榨油。

18. 一捆捆的麦秸。

19. 虾。

20. 回声。

21. 白杨。

22. 青蛙。

23. 矢车菊。

知识考点答案

一、填空题

1. 6　22　夏至

2. 烂泥

3. 森林

4. 5月　6月　7月　8月

5. 蜥蜴　蝾螈

6. 空谷百合

7. 比安基

8. 白蘑菇

9. 蜉蝣　一

10. 白杨　白桦

二、选择题

1. B

2. A

3. C

4. A

5. B

6. C

7. A

8. B

9. B

10. A

三、问答题

1. 这是"凿壳齿",从蛋壳里钻出来的时候,小鹬鸰就是用这个"凿壳齿"把蛋壳凿破的。

2. 规矩是这样的:"我为大家,大家为我。"

3. 排成整齐的"人"字阵。它们必须学会这个本领。这样,在长途飞行时,它们才能节省力气。

无障碍阅读·彩插励志版

第一辑

《童年》
《西游记》
《红楼梦》
《水浒传》
《昆虫记》
《名人传》
《稻草人》
《格林童话》
《伊索寓言》
《城南旧事》
《爱的教育》
《三国演义》
《骆驼祥子》
《繁星·春水》
《安徒生童话》
《海底两万里》
《鲁滨逊漂流记》
《最后一头战象》
《朝花夕拾》
《钢铁是怎样炼成的》
《假如给我三天光明》
《汤姆·索亚历险记》

第二辑

《格列佛游记》
《绿山墙的安妮》
《雷锋的故事》
《唐诗三百首》
《成语故事》
《简·爱》
《中国古代寓言故事》
《中外民间故事》
《中外神话传说》
《中外历史故事》

《绿野仙踪》
《木偶奇遇记》
《寄小读者》
《小王子》
《老人与海》
《八十天环游地球》
《小橘灯》
《呼兰河传》
《论语》
《千字文》
《克雷洛夫寓言》
《小鹿斑比》
《中外名人故事》
《吹牛大王历险记》
《中华上下五千年》

第三辑

《荒野的呼唤》
《泰戈尔诗选》
《宝葫芦的秘密》
《小老鼠皮克历险记》
《小学生必背古诗词 75+80 首》
《小战马》
《红脖子》
《水孩子》
《安妮日记》
《列那狐的故事》
《柳林风声》
《人类的故事》
《欧也妮·葛朗台》
《小飞侠彼得·潘》
《汤姆叔叔的小屋》
《爱丽丝漫游仙境》
《地心游记》
《名人名言精读》
《尼尔斯骑鹅旅行记》
《神秘岛》

《森林报·春》
《森林报·夏》
《森林报·秋》
《森林报·冬》
《福尔摩斯探案集》
《莫泊桑短篇小说精选》
《四大名著知识点一本全》

第四辑

《欧·亨利短篇小说精选》
《细菌世界历险记》
《爷爷的爷爷哪里来》
《长腿叔叔》
《海蒂》
《朱自清散文精选》
《契诃夫短篇小说精选》

第五辑

《大林和小林》
《父与子》
《王子与贫儿》
《哈克贝利·费恩历险记》
《猎人笔记》
《居里夫人自传》
《格兰特船长的儿女》
《秘密花园》
《青鸟》
《人类群星闪耀时》
《寂静的春天》
《西顿野生动物故事集》
《飞向太空港》
《镜花缘》
《草原上的小木屋》
《会飞的教室》
《丛林故事》
《小巴掌童话》
《给青年的十二封信》
《白洋淀纪事》
《湘行散记》
《梦天新集：星星离我们有多远》

第六辑

《世说新语》
《聊斋志异》
《儒林外史》
《我是猫》
《了不起的盖茨比》
《少年维特的烦恼》
《神笔马良》
《拉封丹寓言》
《希腊神话故事》
《山海经》
《地球的故事》
《十万个为什么》
《中国民间故事》
《中国古代神话》
《非洲民间故事》
《森林报》
《一千零一夜》

第七辑

《小英雄雨来》
《闪闪的红星》
《赤色小子》
《刘胡兰传》
《两个小八路》
《小游击队员》
《铁道游击队》
《李四光随笔：穿过地平线》
《中国传统节日故事》
《世界经典神话与传说故事》
《欧洲民间故事：聪明的牧羊人》
《捣蛋鬼日记》
《胡桃夹子》
《兔子坡》
《带刺的朋友》
《今年你七岁》
《第七条猎狗》
《萤火虫的季节》
《雁翎队的故事》
《谁是最可爱的人》